细工花饰配色事典

〔日〕红 著

付 珺 译

河南科学技术出版社

· 郑州 ·

序 言

用小小的布块就可以折出细工花。
虽然只有折叠这样简单的操作，但设计和用色的组合却拥有无限的变化。
创作新品时令人头疼，但是做出可爱的成品后又特别开心。

同样的设计，我会做出来好几种不同颜色的。
仅仅是改变色彩，就会展现出完全不同的效果，
把它们摆在一起，远远地欣赏，一个人沉醉其中。
出版本书，也是为了让大家能欣赏到相同设计、不同色彩的作品。

本书着重于色彩搭配。
从基本的配色到王公贵族服饰中可见的"袭之色"*，都有涉及。
色彩搭配是件困难却又让人乐在其中的事。
在大家对色彩搭配感到迷惘时，希望本书能为你提供一点点灵感。

本书中，虽然每件作品使用的绉布色名都有明确标示，但依据生产商和生产批次的不同，可能相同的颜色以不同的色名表示，或者相同的色名表现的色相却不相同，选色时请亲自确认色相，以选出与预期的作品形象相符的色彩。

紅 hong presents

（红出品）

*袭之色，专指用于十二单等衣物上的色彩组合，所以也可以说是"袭之配色"。

目 录

工具和材料

介绍一下制作细工花需要准备的工具。

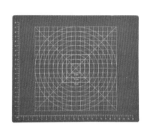

切割垫
（有方格的）
用轮刀切割布块时使用。使布边与切割垫的方格对齐，将布块切割成标准的正方形。

轮刀
可以切割层叠着的布料。配合切割用尺使用，可以切割出标准的正方形。

切割用尺
沿着切割用尺的沟槽滑动轮刀刀刃以切割布料。轮刀的刀刃不会偏离切割用尺，能够精确地切割布料。

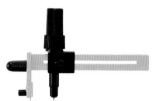

圆规刀
能够把底座用厚纸板切割成圆形。若没有圆规刀，也可以用圆规画好圆后再用剪刀裁剪。

裁布剪刀
裁剪布料时使用。

修剪剪刀
剪刀刃头部纤细、锋利，适合剪线之类的操作。在制作半球底座和下切捏片等部件时用于修剪布料。

竹签
用于在厚纸板和布料上均匀地涂上一层薄薄的白胶。

镊子
折布和捏布时使用。

锥子
给底座用厚纸板打孔时使用。

珠针
扎在半球底座的中心作为粘贴花瓣的基准。

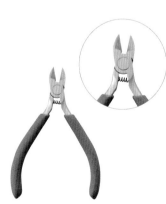

剪钳
用于剪断铁丝、金属链或穿串珠用的大头针。

尖嘴钳
用于折弯铁丝或将铁丝弯成圆环。

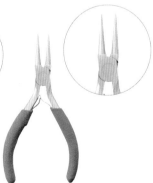

圆嘴钳
用于将穿过串珠的大头针的末端折成圆环。

材料 介绍一下本书中用到的制作细工花的主要材料。

一越绉布

本书中使用的是由100%人造纤维制成的具有细小"褶皱"（表面的凹凸纹理）的一越绉布。绉布也有以桑蚕丝或聚酯纤维等制成的。聚酯纤维有时可能无法用黏合剂粘牢固，而桑蚕丝价格又太高，推荐较为便宜又易用的人造纤维制成的绉布。

黏合剂

用水将速干性的木工用白胶稀释后使用（稀释方法请参照p.6）。依据布料材质的不同，可能会出现白胶难以附着的情况，请以碎布片试验后再使用。

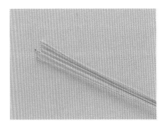

花艺铁丝

表层包裹白纸的花艺铁丝，用于制作带铁丝的底座。最常用的是#24铁丝，也可以依据作品的情况灵活使用#22、#26等型号的铁丝。

捆扎线

用于将铁丝扎成一束，或将铁丝与配饰部件组合在一起。本书中所用的是聚酯纤维材质的手鞠线。

裹线铁丝

指外层包裹金线、银线的铁丝，用来制作花的枝干和花蕊。也可用花艺铁丝缠线制成。

花艺胶带

是拉伸后黏着性增强的胶带。可从缠在配饰部件上的铁丝的上方开始缠绕。本书中将宽1.2cm的胶带从中心线剪开使用。

串珠、水钻

用于制作花蕊和挂饰等。需要将串珠穿成环形或者将串珠穿在大头针上时，方法请参照p.7。

金属花蕊底座

将其与串珠或水钻组合在一起，用来制作花蕊等。依据作品的情况，可能需要将其用尖嘴钳掰开，或者层叠黏合使用。

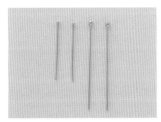

大头针

串珠与其他配件连接时使用。请按所使用串珠的孔径来选择大头针的粗细和长短。大头针的处理方法请参照p.7。

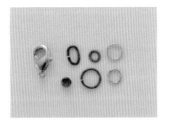

开口圈、定位珠

开口圈用于连接穿过串珠的大头针和金属链。按形状的不同又分为圆形开口圈、C形开口圈、龙虾扣等。定位珠用于卡住玉线。

金属链、玉线、流苏

用于制作挂饰等。

✿ 准备材料

✤ 布的切割方法 ✤

用剪刀裁剪

1

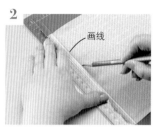
2 画线

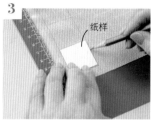
3 纸样

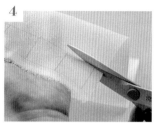
4

将布料放在切割垫上，布的边缘与方格对齐。

避开布的毛边画一条与布边平行的线。

使纸样的一条边与步骤2中画的线对齐，再沿着纸样的其他边描线做标记。使用B或者2B铅笔等笔迹较浓、铅芯柔软的铅笔轻轻地描线做标记。

沿着标记线用剪刀裁剪。只用剪刀刀刃前端裁剪的话，切口处会不平整，所以要用刀刃的中间部分来裁剪。

用轮刀切割

1 布的毛边

2

3

将布的边缘与切割垫的方格对齐放置，切割掉毛边。

将步骤1中的切割边与切割垫的方格对齐，再将切割用尺的沟槽对准布料切割宽度的标记线，用轮刀切割。

改变布料的切割方向时，为了防止布料移位或歪斜，需要和切割垫一同改变方向。

布料的保存方法

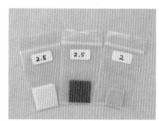

切割好的布块按颜色、大小分类保管。装入透明的自封袋或塑料盒中，标明尺寸以方便取用。

✤ 白胶的稀释方法 ✤

1

2

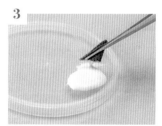
3

将白胶转移至其他容器，用滴液瓶分次加入少量水，同时用竹签搅拌均匀。

提起竹签时，滑落的白胶像拉出一根线一样呈黏稠状即可。

为了防止白胶干燥，每次只取需要使用的分量放在小盘等容器中。

※本书图中表示长度的
数字单位为厘米（cm）。

❀ 串珠的连接方法 ❀

1
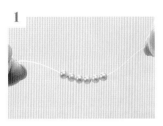
在透明线上穿上串珠。

2

使串珠形成环形，将透明线打死结固定。结要牢牢系紧以防散开。

3
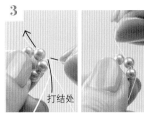
打结处
将透明线的一端穿过邻近的1颗或2颗串珠，然后拉紧透明线，使结隐藏在串珠中。

4
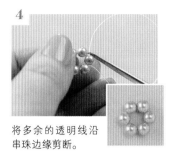
将多余的透明线沿串珠边缘剪断。

❀ 大头针的处理方法 ❀

1
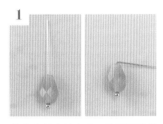
将大头针穿过串珠，然后紧贴着串珠边缘将大头针折弯至略大于直角的角度。

2
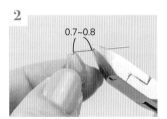
0.7~0.8
在距离串珠孔0.7~0.8cm处用剪钳剪断大头针。

3
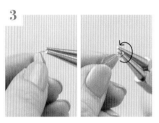
用圆嘴钳夹住大头针的末端，将大头针折成圆环。

4
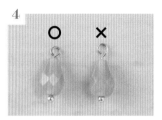
○ ✕
若大头针太长，或者在步骤1中折弯的角度不够时，就无法形成漂亮的圆环。

❀ 圆形开口圈的处理方法 ❀

1
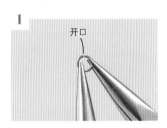
开口
将圆形开口圈的开口朝上，用两把尖嘴钳一左一右夹住圆形开口圈。

2
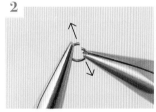
将尖嘴钳前后扭转掰开开口。

3
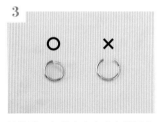
○ ✕
请注意，如果向左右方向掰开的话，闭合时可能无法恢复成漂亮的圆环。

4
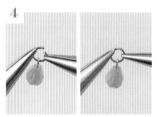
穿上部件，再像掰开时一样前后扭转将其恢复原状。

❀ 定位珠的处理方法 ❀

1

定位珠
玉线
将玉线或透明线穿过定位珠。

2

用尖嘴钳夹住定位珠。

3

定位珠
夹扁定位珠使其卡在玉线上。

7

色彩的基础知识与配色规则

本书中介绍的细工花基本都是使用纯色的绉布制作的，色彩的选择和搭配是其魅力之一。在这里，我们以日本色彩研究所开发的 PCCS（Practical Color Coordinate System，日本色研配色体系）作为参考，介绍色彩的基础知识与配色规则。让我们在掌握色彩搭配的基础知识后挑战原创作品吧。

※ 由于印刷的关系，插图、照片的色调可能与实物不同，敬请谅解。

❀ 色彩的基础知识

❀ 色彩三属性 ❀

色彩有三个要素：色相（色味）、明度（亮度）和彩度（饱和度）。这三个要素称为"色彩三属性"。三要素相互关联，从而呈现出不同的色彩。另外，色彩还分为三属性都具备的有彩色和黑、白、灰等不具有色相只以明度来表示的无彩色两种。

◎ 色相

色相指的是表现出红、黄、绿、蓝、紫这些色彩特征的色味。把色相像彩虹一样按光波波长顺序排列成环形，这个环就叫作色相环（图1）。色相环中，相邻的颜色称为类似色，任何直径两端相对的颜色称为互补色。

◎ 明度

明度表示色彩的亮度。所有的色彩都有亮度，每个色相的亮度都不相同。拿色相环中的黄色和红色做比较的话，就会发现黄色比较亮（图2）。此外，即使是同一色相，在有光的情况下看起来是更接近白色的亮色，在昏暗的地方看起来就是更接近黑色的暗色。

◎ 彩度

彩度也就是色彩的饱和度，彩度最高的颜色称为纯色。在纯色中逐渐混入白色或黑色等无彩色，纯色彩度就会变低，向无彩色靠拢。将某种色相与无彩色混合，调整明度和彩度后得到的一组色彩称为同系色（图3），把明度和彩度组合引起的色彩变化称为色调。

图1

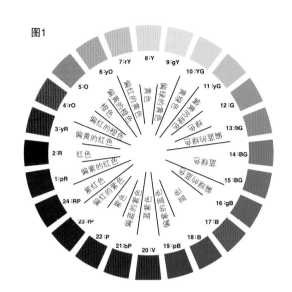

PCCS 色相环 资料提供 / 日本色研事业株式会社

图2

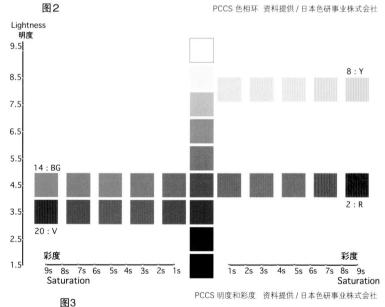

PCCS 明度和彩度 资料提供 / 日本色研事业株式会社

图3

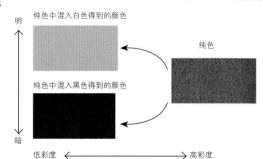

❀ 配色的基本规则

这里以法国化学家谢佛勒尔倡导的色彩调和论"共通性的调和"和"对比的调和"为基础，各用一例介绍基本的配色方法。请试着用来创作与服装颜色协调且符合个人形象以及 TPO 原则（即着装要考虑到时间"time"、地点"place"、场合"occasion"）的作品吧！

◎ 同系色配色

就是同一色相改变明度和彩度，然后把得到的颜色组合在一起的配色方法。由于同属一个色相，所以具有统一感，是很容易完成的配色。

紫红色的同系色

◎ 相邻色、类似色配色

指的是把色相环（图1）中色相差为1（相邻色）或者色相差为2、3（类似色）的颜色组合在一起的配色方法。因为它们在色相上具有共通性，所以也是容易组合并达到调和的配色。但是有时相邻色色相的差别很难分辨，这时只要像同系色一样在明度和彩度上加以变化就可以了。

紫红色和紫色（相邻色）

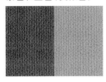
紫色和蓝色（类似色）

◎ 互补色、对照色配色

指的是把色相环中相隔较远距离的色相组合在一起的配色方法。互补色指的是处于任何直径两端的色相，对照色的范围比互补色更宽（色相差为8~10）。这种配色有两种颜色相互突出的效果。但是如果把明度或彩度高的互补色放在一起，色彩的交界处看起来可能会晃眼睛。

蓝色和橙色（互补色）

紫色和绿色（对照色）

◎ 渐变配色

所谓渐变配色，就是遵循一定的规律使色彩呈现阶梯式变化，并具有3种以上颜色的配色方法。色彩有规律地按顺序发生变化，使配色产生节奏感，让人感到安心。相同的色相改变明度或色调，或者相同的色调改变色相，可以衍生出各种各样的渐变色来。

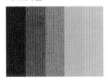
以橙色的同系色组合而成的渐变色

改变色相得到的渐变色

◎ 重点配色

单一色或同系色、类似色等配色具有统一性，有时却也显得单调缺乏变化。重点配色是指在统一的配色中使用对照性色相或明度的色彩，使全部的色彩都能突出的配色法。加入少量醒目的色彩会让整体看起来具有紧凑感。采用有明度差的颜色作为重点色，效果会更突出。

在重点配色时使用无彩色的黑色

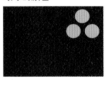
明度较高的黄色是很吸引眼球的颜色

◎ 对比色配色

将色相、明度、彩度差加大的配色称为对比色配色。互补色、对照色也属于对比色的一种，此外还有色相相同，亮度却极其不同的色彩组合，以及彩度差大的色彩组合。在对比色配色中各个颜色是相互突出的关系。

色相的对比色

明度的对比色

彩度的对比色

◎ 分隔配色

是在色彩与色彩之间加入其他颜色使得几种颜色各自独立突出的配色方法。色彩被分隔开后，会让对比过于强烈的配色得以调和，或是让印象模糊的配色更有紧凑感。分隔色多采用无彩色或者低彩度的颜色。

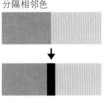
分隔相邻色

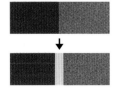
分隔互补色

◉ 细工花的色彩搭配 ◉

作者将 p.9 介绍的配色的基本规则按自己的方式进行了配色分类，然后创作出了各种各样的配饰。即使是同一手法制作的细工花，只要改变色彩组合就能呈现出不一样的效果。让我们好好享受因色彩搭配而更加绚烂的细工花世界吧！

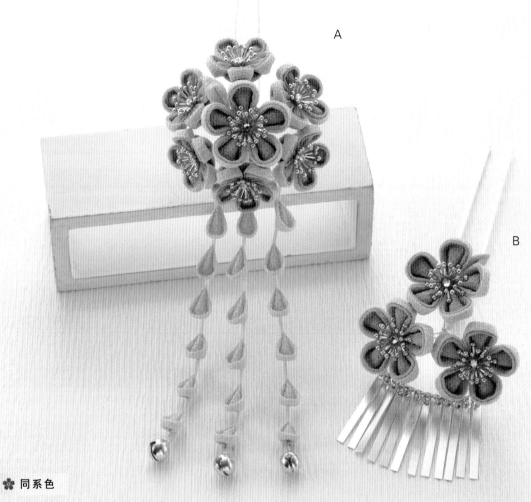

A

B

❀ 同系色

【〈梅〉粉色、浅粉色 /〈叶〉淡薄荷绿色】

柔和的粉色有深有浅，配以金色的花蕊华丽绽放。

七五三节 * 梅花簪

粉色的梅花就像可爱的女孩子。金色的金属花蕊底座层叠有致，又增添了华丽感，这是一款正适合七五三节的可爱发簪。

尺寸 ▶ 大: 宽度6cm/小: 宽度5.5cm

制作方法 ▶ p.82

*七五三节，是日本一个独特的节日，在男孩5岁、女孩3岁和7岁时，都要举行祝贺仪式，保佑孩子健康成长，每年的11月15日为庆祝日。

【上：浅粉色、淡粉色/ 中：浅薄荷绿色、淡薄荷绿色/ 下：浅紫色、淡紫色 】

※ 本书内多次出现同一颜色的浅色和淡色之分，这里的浅色通常比淡色要深一些。

运用淡雅的色彩，
剑菊也变得柔和起来。

三花发夹

用淡雅的同系色部件组合而成的剑菊造型发夹，时尚、
优雅。也可以别在围巾上。

尺寸 ▶ 宽度各7cm
制作方法 ▶ p.81

【左上：珊瑚粉色、浅珊瑚粉色 / 右上：玫红色、粉色 / 左下：紫色、紫藤色 / 右下：浅黄绿色、黄绿色】

色彩各异，让人想要集齐一整套蝴蝶。
蝴蝶上的水钻更是亮点。

蝴蝶发梳

这是几款翅膀上镶有闪闪发亮的水钻的蝴蝶发梳。蝴蝶身体是用和翅膀颜色相呼应的同系色绣线卷成的。可以多制作一些当作礼物送人。

尺寸 ▶ 宽度各4cm
制作方法 ▶ p.83

【从上至下：浅黄绿色、淡黄绿色/浅橘色、淡橘色/柠檬黄色、浅柠檬黄色/

浅蓝色、水蓝色/紫色、紫藤色/浅薄荷绿色、淡薄荷绿色】

选用彩度降低了的明亮而清澈的色彩的材料制作平日佩戴的发夹。

花朵发夹

日常佩戴的发夹还是选不太张扬的颜色为佳。中间的
花朵是色彩明亮的颜色，两边的花朵则配以稍微降低
彩度的颜色。

尺寸 ▶ 宽度各5cm
制作方法 ▶ p.91

【从上至下：浅苔绿色、绿色/ 黄红色、浅橘色/ 黄色、土黄色/紫色、浅紫色/
玫红色、珊瑚粉色 / 蓝绿色、浅蓝色】

绽放的二重梅花，颜色的调和是重点。

小梅发卡

以不同明度的大、小花瓣交叠而成的梅花，做成可随意
佩戴的发卡。蓝色和粉色的发卡是类似色的交叠。尝试
改变花蕊的串珠颜色也很有意思呢！

尺寸 ▶ 直径各2.8cm
制作方法 ▶ p.84

14

❁ 类似色

【从上至下：黄色、黄绿色/ 蓝色、浅蓝紫色/ 紫色、紫红色】

用类似色的双层圆形捏片来表现八重瓣的非洲菊。

非洲菊发夹

将色相差为 2、3 的类似色花瓣重叠在一起做成非洲菊发夹。把花瓣的配色互
换一下，或者改变串珠的颜色，享受颜色组合的乐趣。

尺寸 ▶ 直径各4cm
制作方法 ▶ p.62

【左：蓝色、浅紫色/右：红色、浅粉色】

采用具有明度差的类似色以互相突出。

蝶恋花发簪

这款将花瓣、花蕊、蝴蝶用类似色组合在一起的剑菊造型发簪，设计虽然简单，蝴蝶配饰却引人注目，非常可爱。

尺寸 ▶ 宽度各4.5cm

制作方法 ▶ p.84

【〈大花〉浅粉色、玫瑰粉色/〈中花〉淡粉色、粉色、淡紫色、紫藤色、浅蓝紫色、蓝紫色/〈小花〉浅粉色、玫瑰粉色、淡紫色、紫藤色、浅蓝紫色】

这款美丽的类似色花束发梳有一种淡雅的华丽感。

剑菊花束发梳

以蓝色至紫红色的类似色部件组合而成的剑菊花束，可以改变各个颜色的亮度，从而突出一朵一朵的花。花束有一种淡雅的华丽感，也很适合搭配在洋装上。

尺寸 ▶ 宽度10cm

制作方法 ▶ p.85

【淡珊瑚粉色、浅薄荷绿色(叶、花蕊)】

若是明快的色彩，互补色也很可爱！

粉色花束发夹

将淡珊瑚粉色和浅薄荷绿色组合，做出了这款可爱
的发夹。叶子和花蕊的颜色相互呼应，使整体具有
统一性。这是适合正装的一款配饰，和服与洋装中
的正装都适合。

尺寸 ▶ 宽度7.5cm
制作方法 ▶ p.87

【从上至下：蓝色、红茶色/淡苔绿色、粉色/红色、深绿色/浅紫色、淡橘色】

星星造型突出了互补色，
这是一款适合休闲装的发簪。

星星 U 形簪

改变部分花瓣的颜色，以形成星星的形状。
正中间的两支发簪采用了相同的色相，色彩
明亮的那支发簪看起来风格比较活泼。类
似徽章的外形增添了时尚感。

尺寸 ▶ 直径各5cm

制作方法 ▶ p.64

【从左至右：浅蓝绿色、浅橙红色/深紫色、黄色/蓝色、橙红色】

大方得体的双层剑菊发簪，以两种颜色相互衬托。

双层剑菊捏片扁簪

这款扁簪的花瓣内层、外层都使用了互补色的剑菊捏片，有张有弛，甚是端庄。
或呼应了花蕊的颜色，或采用了互补色，给人的感觉都不一样。

尺寸 ▶ 直径各4.5cm
制作方法 ▶ p.88

◆ 互补色

【右：黄色、浅紫色、紫色（叶）/左：深紫色、浅黄绿色、黄绿色（叶）】

菱形捏片在互补色的对比之下更显锐利。

菱形捏片发梳

贯穿整片花瓣的互补色效果突出。舒展的叶子与花脉的颜色相呼应。朱红色的花蕊和挂饰使整体有了紧凑感。

尺寸 ▶ 宽度各9.5cm

制作方法 ▶ p.66

✿ 渐变色

【胸针 〈蔷薇〉玫瑰粉色、红豆色、波尔多红色、胭脂红色，〈小花〉深紫红色，〈叶〉深紫色/项链 从左至右：玫瑰粉色、红豆色、波尔多红色、紫红色，红豆色、波尔多红色、胭脂红色、深胭脂红色，红豆色、玫瑰粉色，深胭脂红色、玫瑰粉色】

这里采用了适合成人装的波尔多系渐变色。

蔷薇胸针和项链

波尔多系渐变色蔷薇配饰很适合搭配成人装。每一朵小花都由不同颜色的捏片组合而成是这款项链的特点。亚光串珠看上去很高雅。

尺寸 ▶ 项链　宽度11cm／胸针　宽度7.5cm

制作方法 ▶ p.104

【从上至下：深珊瑚粉色、珊瑚粉色、浅珊瑚粉色、淡珊瑚粉色、黄绿色〔叶〕/
薄荷绿色、浅薄荷绿色、淡薄荷绿色、象牙白色、蓝绿色〔叶〕/紫红色、玫红色、浅粉色、淡粉色、绿色〔叶〕】

四层渐变花瓣更具立体感。

渐变色剑菊发簪

花瓣颜色由外侧向中心逐渐变深的渐变色花朵造型，简单却更具立体感。若隐若现的叶子是亮点。

尺寸 ▶ 宽度各6cm

制作方法 ▶ p.88

★ 渐变色

【左上：藏青色、蓝紫色、紫色、深紫色/右上：橄榄黄色、黄色、土黄色、黄红色/
下：柠檬黄色、浅黄绿色、浅薄荷绿色、浅蓝绿色】

这是由色调一致的类似色组成的多彩渐变色。

四色渐变发簪

以渐变的类似色做出的花朵捏片，重点在
于四种颜色的色调一致，使其和谐统一的
同时也给人鲜艳、生动的印象。

尺寸 ▶ 直径各4.5cm
制作方法 ▶ p.89

✿ 渐变色

【上：〈大花〉柠檬黄色、浅柠檬黄色，浅橙色、淡橙色，浅苔绿色、浅黄绿色；〈小花〉黄绿色、橘色、橙色；〈叶〉深绿色、黄绿色/

下：〈大花〉蓝紫色、浅蓝紫色，紫色、淡紫色，粉色、浅粉色；〈小花〉浅鲑鱼粉色、紫藤色、深蓝紫色；〈叶〉黄绿色、薄荷绿色】

同系色加类似色的渐变使整体色彩更统一。

花盒

填满类似色细工花的花盒很适合作为室内装饰。
大花采用了渐变的同系色，叶子则采用了更显眼
的色彩。

尺寸 ▶ 大花　直径各4.5cm/小花　直径各2.3cm/
　　　　叶子　长度各2.3cm

制作方法 ▶ p.89

【红色、金茶色、藏青色】

重点突出鲜艳的红色，金茶色和藏青色
形成了绝妙的平衡。

双层圆形捏片发梳

红色和金茶色的双层圆形捏片，加上藏青色
的花瓣和花蕊，使得整体更加紧凑，这是可
以拿来搭配华美振袖的华丽发饰。

尺寸 ▶ 宽度8.5cm
制作方法 ▶ p.90

🌸 **重点色**

【上：玫红色、黑色、粉色/下：玫红色、粉色、浅薄荷绿色、淡粉色】

重点色为作品增添了动感和张弛感。

福梅发夹

梅花捏片中间配以细圆捏片，充满福气的梅
花发夹正适合小女生佩戴。仅将其中一片花
瓣换成互补色或明度差较大的颜色，作品就
有了动感。

尺寸 ▶ 宽度各7cm

制作方法 ▶ p.91

【从上至下:淡薄荷绿色、玫红色、紫色 / 深紫色、黄绿色、黄色 / 紫红色、蓝色、淡粉色】

将对照色的花瓣分隔开，增加了华丽感。

变形剑菊发夹

用对照色的双层剑菊捏片做成重点色造型。
把双层剑菊捏片分为两簇隔开，使作品多了
一分华丽感。花蕊的颜色也是亮点。

尺寸 ▶ 直径各6.5cm
制作方法 ▶ p.83

28

【左上起顺时针方向：红色、白色/黄色、土黄色、黄红色/玫红色、黄绿色、浅黄绿色／浅苔绿色、玫红色、紫红色/粉色、玫红色、淡粉色/蓝色、橘色、土黄色】

这些都是明快而鲜艳的重点色。

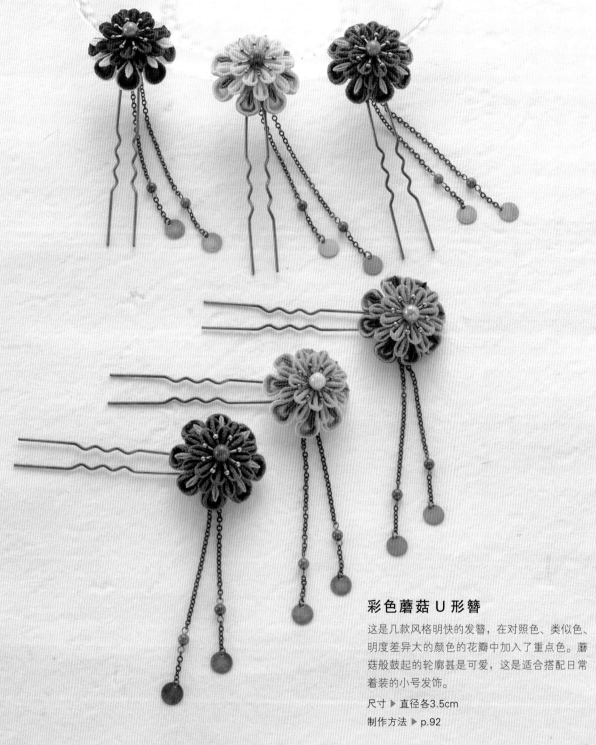

彩色蘑菇 U 形簪

这是几款风格明快的发簪，在对照色、类似色、明度差异大的颜色的花瓣中加入了重点色。蘑菇般鼓起的轮廓甚是可爱，这是适合搭配日常着装的小号发饰。

尺寸 ▶ 直径各3.5cm

制作方法 ▶ p.92

🌸 对比色

【红色、黑色】

红色、黑色加上金箔和银箔，成就了这款奢华的饰品。

红与黑发簪

对比鲜明的红与黑组合，红色的底布上又添加了金箔、银箔，如描
金画银般奢华。

尺寸 ▶ 宽度8cm

制作方法 ▶ p.94

🌸 对比色

【〈大花〉红色、浅粉色 / 〈中花〉红色、蓝色，红色、黄色，红色、蓝绿色 / 〈小花〉红色】

以红色为主色调制作出具有统一感的鲜艳花束。

百花发梳

选用与红色对比强烈的色彩，制作出这款华丽的发梳。鲜艳之余
亦不乏和谐，是很适合年轻女性的配色。

尺寸 ▶ 宽度10cm
制作方法 ▶ p.95

【红色、白色/粉色、白色/蓝绿色、白色/黄绿色、白色】

使用白色以突出花瓣的颜色。

双层剑菊捏片胸针

在剑菊花瓣内层加入明度最高的白色，
在突出花瓣颜色的同时，也给人轻快柔
和的印象。花蕊中加入互补色能使作品
更加生动。

尺寸 ▶ 直径各5cm

制作方法 ▶ p.80

【上：〈大花〉红色、深紫色、薄荷绿色、黑色，
〈小花〉深紫色、红色、薄荷绿色/
下：〈大花〉玫红色、蓝色、黄绿色、黑色，
〈小花〉蓝色、玫红色、黄绿色】

以明亮的色彩隔开纯色，
让作品更加生动。

复古摩登发夹

大胆的花样和用色，让人联想到以此为
特征的铭仙布。生动的色彩搭配营造出
复古摩登的感觉。视觉上呈线状的绿色
系亮色是其亮点。

尺寸 ▶ 宽度各7.5cm

制作方法 ▶ p.93

【〈大花、小花通用〉上：橘色、深绿色、绿色/
下：薄荷绿色、深紫色、紫藤色】

以明亮的对照色将深浅不同的同系色分隔开。

双层圆形捏片发夹

在双层圆形捏片外层加入高明度的橘色和绿色，将同系色的花瓣分隔开。可将大花和小花互换配色以突出各自的重点。

尺寸 ▶ 宽度各7cm
制作方法 ▶ p.96

❀ 分隔色

【红色、浅驼色、藏青色】

这是将对比鲜明的三种颜色
混合在一起的配色。

三层剑菊捏片发夹

浅浅的驼色夹在中间，使藏青色和红色的强烈对比得
以中和，也令两色更加突出。这款发夹给人带来不一
样的时尚感。

尺寸 ▶ 直径各7cm

制作方法 ▶ p.97

35

❖分隔色

【上：红色、白色、黄绿色/中：红色、黄绿色/下：深紫色、白色、粉色】

互补色和同系色
使用白色隔开以增加层次感。

风车发夹

类似色或互补色的配色以白色隔开后更增加层次感。
与没有加入白色的作品相比，能够看出立体感上是有
差异的。

尺寸 ▶ 直径各5cm
制作方法 ▶ p.92

♣分隔色

【左：朱红色、鲑鱼粉色、灰色、浅苔绿色/
右：红色、粉色、浅黄绿色、白色】

**用双层剑菊捏片外层的颜色
将花瓣的颜色分隔开。**

半球药玉发簪

在双层剑菊捏片外层加入白色等浅色，来突
出花瓣的颜色。为了表现出药玉般圆乎乎的
立体感，作品使用了64片花瓣制作。

尺寸 ▶ 直径各6.5cm
制作方法 ▶ p.97

◎ 用喜欢的颜色来做细工花 ◎

这里汇集了作者的高人气的配色作品。既有经典的红色和粉色，也有细工花中不常见的黑色等，丰富多彩。找到自己喜欢的颜色，挑战制作中意的饰品吧。

● 紫色

【左：深紫色、白色/右：紫红色、白色】

紫色和白色花瓣配上金色花蕊，制作出大方得体的配饰。

大丽花发夹和发簪

紫色和白色是较为成熟稳重的配色。为避免太过暗沉，用了层叠的金色金属花蕊底座和水钻以增加华丽感。看起来很适合搭配大方得体的条纹和服。

尺寸 ▶ 直径各5cm
制作方法 ▶ p.98

●紫色

【紫色、深紫红色（或深紫色）、黄色、黄绿色】

以两种紫色真实再现
菖蒲花瓣。

菖蒲发梳

这是一款特别适合初夏佩戴的菖蒲发梳，考虑到佩戴时的衬托效果，选用了稍微明亮一些的紫色。叶尖的水钻如同朝露一般熠熠生辉。

尺寸 ▶ 宽度各8.5cm

制作方法 ▶ p.99

●紫色

【〈蔷薇〉深紫色、紫色、深紫红色，紫藤色、紫色，淡紫色、紫藤色/〈叶〉黄绿色、浅黄绿色】

在用多种紫色部件制作而成的蔷薇
上添加绿色叶子，以提升明亮度。

蔷薇发簪

将蔷薇做成花束，制作出一款非常适合搭配盛装的大型发簪。利用深浅不同的紫色来做花朵，进一步增强了立体感，给人花枝缠绕、清爽宜人的印象。

尺寸 ▶ 宽度7.5cm

制作方法 ▶ p.78

【玫红色、淡粉色、粉色、浅薄荷绿色】

在深浅不一的粉色花瓣中，
互补色的花蕊成为亮点。

福梅发簪

梅花捏片中间叠加圆形捏片的福梅造型，选用了浓重的粉色以避免配色过于甜腻。花叶由银线铁丝制成，叶尖的水钻是其亮点。

尺寸 ▶ 宽度8cm
制作方法 ▶ p.74

● 粉色

【玫红色、淡薄荷绿色】

玫红色搭配明亮的淡薄荷绿色是非常可爱的配色。

甜美可爱风发夹

用玫红色和淡薄荷绿色组合制作出了这款可爱的发夹。重叠的两层花瓣增加了立体感，适合搭配女孩子的盛装。

尺寸 ▶ 宽度各6.5cm
制作方法 ▶ p.100

● 粉色

【白色、薄荷绿色】

用腮红染出的淡淡的粉色花朵制作出清新的发梳。

牡丹发梳

腮红染出的淡淡粉色给人柔和的感觉，再用外层缠有绣线的铁丝做成叶脉。这款发梳一定会成为高雅装束的亮点。

尺寸 ▶ 宽度各6.5cm
制作方法 ▶ p.105

【红色、深绿色】

黄色的花蕊和深绿色的叶子
使红色的花更加醒目！

山茶花发簪

这是一款可爱的山茶花发簪，两朵大大的花朵好似冒号。用圆形捏片粘出的花瓣配上黄色的花蕊，简直就像真的山茶花一样。

尺寸 ▶ 宽度10.5cm

制作方法 ▶ p.72

【红色、白色】

鲜亮的蓝绿色引人注目，
更令这款发簪生动了几分。

复古风格发簪

圆形捏片的白色外层更凸显了红色花
瓣的轮廓，而蓝绿色的细头花蕊又为
其增添了复古感。这款发簪很适合搭
配振袖等服装。

尺寸 ▶ 宽度7.5cm
制作方法 ▶ p.102

● 红色

【从上至下：绯红色、白色/猩红色、白色/红铜色、白色】

白色与金色的色彩组合，让三种红色看起来更加鲜明。

三种素色菊花发簪

这三种素色菊花发簪与 p.43 的复古风格发簪一样，都是加入了白色以突出红色。相同的造型，只对所用的红色做了微妙的调整，给人的印象就会随之变化。用金线铁丝做的花蕊是亮点。

尺寸 ▶ 大：直径各7.5cm／中：直径各6.5cm／小：直径各5cm

制作方法 ▶ p.103

【白色、茶色、浅薄荷绿色、浅蓝绿色】

白色绉布与白色蕾丝是最佳搭档！

百合发梳

用大片的下切剑菊捏片完美再现百合花瓣。贴上蕾丝
后更显清新自然。很适合穿洋装时佩戴。

尺寸 ▶ 宽度12cm
制作方法 ▶ p.101

●白色

【白色、绿色、黄绿色】

白色的花与绿色的蝴蝶相得
益彰。花蕊的颜色是焦点。

小花发梳

发梳上珊瑚般的朱红色串珠引人注目，蝴
蝶优雅地停在白色的小花上。用细长捏片
和珍珠串珠营造出了蝴蝶翅膀的立体感。

尺寸 ▶ 宽度6.5cm
制作方法 ▶ p.68

●白色

【白色、黄绿色】

清爽的色彩组合，
成就了这款充满少女感的雏
菊发簪。

雏菊发簪

可爱的白色雏菊用珍珠串珠演绎出了优雅
精致，绿色的叶子更为其增加了亮点。相
信这款发簪会成为少女们时尚搭饰的一大
亮点。

尺寸 ▶ 宽度8cm
制作方法 ▶ p.105

C

B

【手套 〈蔷薇〉象牙白色、淡黄绿色、浅苔绿色、苔绿色，〈叶〉浅苔绿色/
纱帽 〈蔷薇〉象牙白色、淡黄绿色、浅苔绿色、苔绿色，〈叶〉淡黄绿色，〈花蕾〉象牙白色、苔绿色/
戒枕 〈蔷薇〉白色、淡柠檬黄色、淡黄绿色、浅黄绿色，〈小花〉白色，〈叶〉淡黄绿色】
纯白色在明亮的渐变绿色的衬托下更加突出。

A

甜美的蔷薇婚礼

配有白色蔷薇的婚礼用品是由市售小物加工而成的。花瓣由白向绿的自然渐变更能衬托出新娘的清秀娴雅。

尺寸 ▶ 手套　宽度5cm／纱帽　宽度14cm／戒枕　宽度8.5cm（仅蔷薇）
制作方法 ▶ p.86

【发梳　蓝色、浅蓝色、水蓝色、玫红色、鲑鱼粉色、白色／
U形卡　从上至下：水蓝色、白色，鲑鱼粉色、玫红色，蓝色、浅蓝色】

偏深的蓝色系渐变因白色和粉色而变得明快起来。

青梅花束发梳和 U 形卡

偏深的蓝色容易显得素淡，加入白色和水蓝色
后更显清爽，加入粉色后则更加柔和。同款的
U 形卡让打理发型成为享受。

尺寸 ▶ 发梳　宽度8cm／

　　　U形卡　上、中：直径3cm，下：直径3.5cm

制作方法 ▶ p.106

●黑色

【左：黑色、蓝色/右：黑色、黄红色】

三层圆形捏片以线条突显黑色花朵。

三层圆形捏片发夹

用黑色将有色相的布料夹在中间做成三层圆形捏片，花瓣上的黄红色和蓝色线条突出了花朵的形状。这是一款不挑服装款式的百搭单品。

尺寸 ▶ 直径各5.5cm
制作方法 ▶ p.107

●黑色

【左：黑色、淡粉色、浅紫色/
右：黑色、浅黄绿色、玫红色】

黑色镶边使花瓣的鲜艳程度瞬间提升！

时尚雅致发夹

这是一款由黑色和其他颜色部件组合而成的时尚发夹。花瓣内层选用类似色显得雅致，选用互补色则显得华美。请按自己的喜好选择颜色。

尺寸 ▶ 直径各6cm
制作方法 ▶ p.107

◎ 传统配色·袭之色 ◎

袭之色，出现在十二单等日本平安时代的装束中，是指用于层叠衣物的色彩组合，属于日本的传统配色。在这里，我们将会介绍使用了各个季节袭之色的作品。美丽的配色名称也很引人注目。

春之袭

【白色、赤花色〔紫红色〕，白色、淡红色〔浅粉色〕，白色、红色〔粉色〕，白色、二蓝色〔紫色〕】
※（ ）内的颜色为实际使用的颜色〔以下相同〕。

带点淡淡的红
是能表现出梦幻樱花的配色。

八重樱七五三节发簪

结合传说中的"樱之袭"创作出了充满春天气息的八重樱发簪。
樱花般的浅粉色与白色捏片组合的挂饰，每次晃动都会发出动听的声音。

尺寸 ▶ 宽度6.5cm
制作方法 ▶ p.108

【〈花、花蕾〉淡朽叶色（黄色）、中黄色（柠檬黄色）/
〈叶〉薄荷绿色】

以略带红色的黄色和淡淡的柠檬黄色再现山吹花。

山吹袭发梳

山吹花是晚春时节开放的明快的黄色花朵。
锯齿般的叶子和立起的雄蕊做得很逼真，当
作室内装饰也不错呢！

尺寸 ▶ 宽度10.5cm
制作方法 ▶ p.70

夏之袭

【〈蔷薇〉中红色（红茶色）、中紫色（深紫色）/
〈小花〉粉色】

配色浓重的蔷薇在粉色小花的映衬下也变得可爱起来。

三角蔷薇发簪

暗色调的红和紫，很显成熟稳重，是日文
里写作"蔷薇"的夏之袭。雅致的蔷薇花
束配以粉色的小花和流苏，更添华丽感。

尺寸 ▶ 宽度6.5cm（流苏除外）
制作方法 ▶ p.76

秋之袭

【左：中缥色（蓝色）、白色/
右：萌黄色（黄绿色）、白色】

以秋之袭创作的两种菊花，花蕊的颜色成为焦点。

花薄与白菊发簪

这是以"花薄"与"白菊"这两种秋之袭配色制作的素色菊花发簪。"花薄"原指出穗的芒草，而"白菊"是白色和萌黄色的组合。朱红色的大号花蕊引人注目。

尺寸 ▶ 直径各6.5cm
制作方法 ▶ p.109

秋之袭

【〈红叶〉红色、深红色（红茶色）/
〈银杏叶〉中黄色（黄色）、深黄色（土黄色）】

这款色彩鲜艳的发簪表现出被金秋染上颜色的群山。

秋之发簪

这是一款用"红叶"之袭做出了红叶，用"黄红叶"之袭做出了银杏叶的秋之配饰，在渐渐萧瑟的秋季很是引人注目。

尺寸 ▶ 宽度8.5cm
制作方法 ▶ p.110

▓ 冬之袭

【白色、鸟之子色（淡橘色）】
如同果子露般的同系色串珠使作品散发着高雅气质。

冰重发簪和发梳
白中带点黄的颜色（鸟之子色）与白色组合而成的"冰重"，是适用于任何装束的
配色。层叠的花瓣营造出了立体感，同系色的串珠则使其散发着高雅气质。
尺寸 ▶ 发梳　宽度8.5cm／发簪　直径4.8cm
制作方法 ▶ p.111

细工花的基础制作

❀ 底座的制作方法

介绍一下底座的基础制作方法。
是否使用花艺铁丝由配饰的部件决定。

❀ 平面底座 ❀

1
将厚纸板按指定的直径裁成圆形，然后涂满白胶。

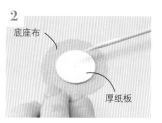

2 底座布 厚纸板
按指定的大小剪出底座布，在底座布中心贴上步骤1中的圆形厚纸板。

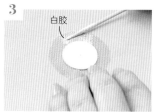

3 白胶
在底座布外沿涂抹白胶。

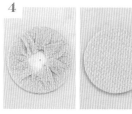

4
将涂抹白胶的部分向内折起，包裹住圆形厚纸板。

❀ 带铁丝的平面底座 ❀

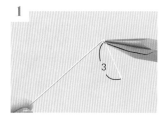

1
在铁丝前端3cm处将铁丝折成直角。

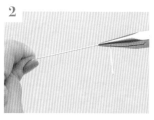

2
用尖嘴钳重新夹住铁丝较长的一边。

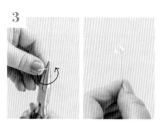

3
将折弯的3cm部分围着尖嘴钳缠绕一圈。

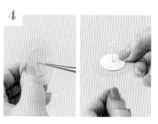

4
重复"平面底座"的步骤1、2，然后在底座中心钻小孔，将步骤3中的铁丝穿过小孔。

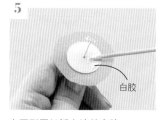

5 白胶
在圆形厚纸板上涂抹白胶。

6 加固布
贴上加固布以防止铁丝脱落。

7
在底座布外沿涂抹白胶。

8
向内折起外沿将圆形厚纸板包裹起来。

❀ 带铁丝的半球底座 ❀

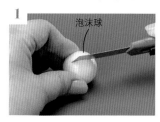

1 泡沫球
按指定的直径切割厚纸板。将泡沫球从中间切开，然后在断面上切片，使断面与厚纸板直径吻合。

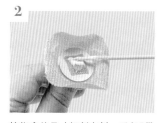

2
按指定的尺寸切割布料，重复"带铁丝的平面底座"的步骤1~6。在厚纸板和布料上涂上白胶。胸针底座则无须穿铁丝。

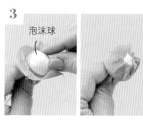

3 泡沫球
将半个泡沫球粘在厚纸板上。将布料外沿捏褶儿包住泡沫球。

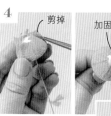

4 剪掉 加固布
用剪刀沿着泡沫球剪掉多余的布褶儿。在泡沫球顶端贴上加固布。

以圆形捏片和剑菊捏片为基础，
介绍一下各种花瓣的制作方法。

❀ **圆形捏片** ❀ 细工花制作的基础之一，呈水滴状的圆形花瓣。将布料层叠或翻折，衍生出丰富的变化。

1

将布料正面朝外对折成三角形。

2

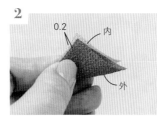

做双层圆形捏片的时候，将外层布放在上面，内层布放在下面，并错开0.2cm叠放。

3

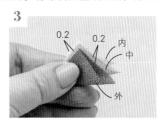

制作三层圆形捏片时，也同样将外层布放在最上面，中层布、内层布各错开0.2cm依次叠放在外层布之下。

要点

此时，从放在上层的布开始折叠，将折好的布夹在指缝间备用。

4

用镊子夹住折成三角形的布的中间。

5

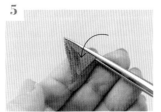

按箭头指示翻转镊子，将布再次对折成三角形。双层的、三层的都将层叠的布一起对折。

6

重新用镊子夹住三角形的布的中间。双层及以上的情况，为了避免折痕移位，要用镊子牢牢夹紧。

7

按照步骤6中的箭头指示将两端向上折。

8

用手指将裁剪边对齐。

9

用裁剪边蘸取倒在小盘上的白胶。

10

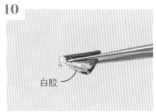

注意白胶不要蘸取过多。

11

用手指捏住裁剪边，用力按压。

12

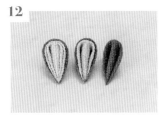

细圆捏片完成。

13

用镊子捏住细圆捏片的前端。

14

将镊子按照步骤13中的箭头指示翻转，使前端边缘立起。

15

圆形捏片完成。

◆ 梅花捏片

1 做出圆形捏片后翻到背面，然后把镊子插进去。

2 用镊子挑开黏合处。注意要在白胶干燥前挑开。

◆ 菱形捏片

白胶　白胶

1 用双层圆形捏片做出梅花捏片。用镊子在外层花瓣的内侧面和内层花瓣的内侧面各抹上少量白胶。

2 用镊子紧紧夹住涂抹白胶的位置使其粘牢。

◆ 樱花捏片

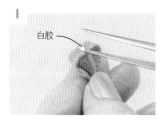

白胶

1 做出细圆捏片，然后用镊子的尖端蘸取少量白胶涂抹在外侧面上。

白胶

2 如果是双层细圆捏片，在外层和内层花瓣之间也涂上白胶。

3 涂抹白胶的位置用镊子折成M形，再用手指用力按压使其粘牢。

4 完成。

◆ 叶子捏片

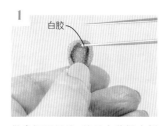

白胶

1 做出细圆捏片，然后在花瓣内侧面涂抹白胶。

2 用镊子拉长细圆捏片，调整形状。

3 用镊子牢牢夹住涂沫白胶的位置使其粘牢。

4 类似剑菊捏片的叶子捏片就完成了。

◆ 翻折圆形捏片

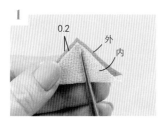

0.2　外　内

1 将布料正面朝外对折成三角形。双层叠放时将外层布料向上错开0.2cm。

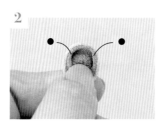

2 做出细圆捏片，再用拇指按压使其展开。

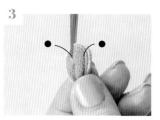

3 将●标记的位置用镊子夹住，翻折到背面。

4 将另外一边●标记的位置也用镊子夹住，翻折到背面。

❋ 剑菊捏片 ❋　　和圆形捏片一样，也是细工花制作的基础之一。只需折3次三角形，就能做出剑一般锋利的花瓣。

1

将布料正面朝外对折成三角形。

2

用镊子夹住中间然后对折。

3

裁剪边

用镊子夹住中间再次对折。

4

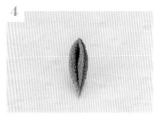

和圆形捏片一样将裁剪边对齐，涂上白胶，用手指捏着用力按压使其粘牢。

◆ 双层剑菊捏片

1

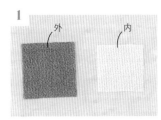

外　　内

内层布比外层布每边短0.5cm。

2

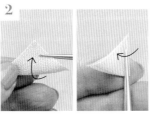

将内层布对折2次，折成三角形。

3

外　　内
夹在指缝间

将内层布夹在指缝间，同样地将外层布也对折2次。

4

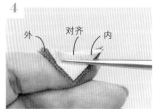

外　　对齐　　内

对齐裁剪边，将外层布与内层布叠放。

5

用镊子重新夹住三角形布的中间。

6

将两层布一同对折成三角形。

7

白胶

将裁剪边对齐，涂上白胶。

8

用手指捏着用力按压使其粘牢。

◆ 开口剑菊捏片

1

裁剪边

完成剑菊捏片后，趁白胶干燥前将镊子插进去。

2

用镊子挑开裁剪边。

3

将裁剪边完全挑开。

4

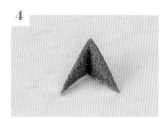

左右展开即可。

◆ 翻折剑菊捏片

1

裁剪边

做好剑菊捏片，用镊子牢牢夹住裁剪边一侧。

2

用拇指把剑菊捏片向左右展开。

3

用镊子夹住剑菊捏片的尖端。

4

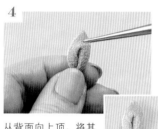

从背面向上顶，将其翻折。

❀ **对接捏片** ❀　　将对折成三角形的布的两端粘在一起形成五角形花瓣。

1

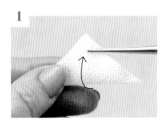

将布料正面朝外对折成三角形。

2

食指

中指

拇指

如图所示，用手指夹住三角形的布，按箭头指示折叠两端。

3

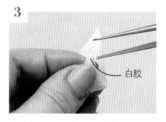

白胶

在布的两端涂抹少量的白胶。

4

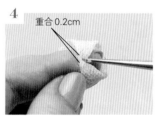

重合 0.2cm

两端重合 0.2cm 粘贴。

❈ **下切捏片** ❈　将基础的圆形捏片、剑菊捏片剪掉裁剪边一侧做成的花瓣。花瓣的宽度变窄了，却能做出盛开的大直径的花。
剪掉的宽度因作品而异。这里介绍的是剪掉 1/3 宽度的方法。

◆ **下切圆形捏片**

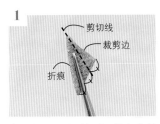

1

先做细圆捏片，然后沿着布的折痕处用镊子夹住。

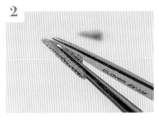

2

如步骤1图所示，在距离裁剪边 1/3 宽度处沿剪切线裁剪。如果步骤1中没涂白胶就剪的话，裁剪边可能会移位，花瓣可能会歪斜。

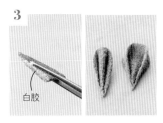

3

再次在裁剪边涂上白胶，用手指用力按压。跟圆形捏片一样，将前端边缘立起，然后在白胶干燥前将裁剪边挑开。细圆捏片在涂上白胶后保持原样就好。

4

分别用细圆捏片（左）和下切细圆捏片（右）制作的花完成。可以看出下切细圆捏片做成的花直径大一些。

◆ **下切剑菊捏片**

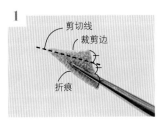

1

先做剑菊捏片，然后沿着布的折痕处用镊子夹住。

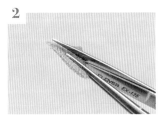

2

如步骤1图所示，在距离裁剪边 1/3 宽度处沿剪切线裁剪。

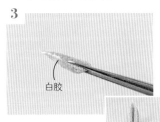

3

在裁剪边涂上白胶，用手指按压使其粘牢。

4

分别用剑菊捏片（左）和下切剑菊捏片（右）做的花完成。

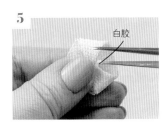

5

在重合处内侧面涂抹少量白胶。

6

用手指按压使其粘牢。

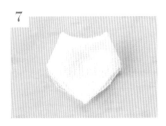

7

完成。

细工花制作教程

❀ **p.15 非洲菊发夹的制作方法**

成品直径4cm

◆材料和用量

花瓣用绉布（A色）20cm×10cm（含挂饰、底座），
（B色）10cm×10cm（含挂饰）；珍珠串珠直径
0.4cm7颗；水滴形串珠1cm×0.7cm2颗；大头针长度
3cm2根；定位珠直径0.3cm1颗；发夹长度7cm1个；泡
沫球直径2.5cm1个；玉线（黑色）长度25cm1根；花艺
铁丝（白色）#24长度18cm1根；透明线、双面胶、花艺
胶带（黑色）、厚纸板各适量

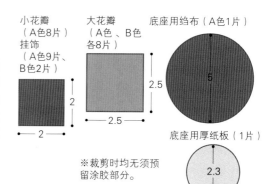

小花瓣（A色8片）挂饰（A色9片、B色2片）

大花瓣（A色、B色各8片）

底座用绉布（A色1片）

底座用厚纸板（1片）

※裁剪时均无须预留涂胶部分。

❀ 制作底座

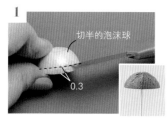

1

将切半的泡沫球在断面向上
0.3cm处切掉，使新断面的直径
为2.3cm。参照p.56制作带铁丝
的半球底座。

❀ 制作花朵

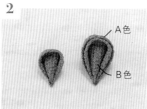

2

参照p.57使用小花瓣用绉布制作
圆形捏片8片，使用大花瓣用绉
布制作内层为B色的双层圆形捏
片8片。

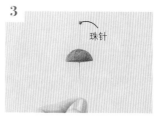

3

在底座中心插上珠针。

4

沿着底座一周将大花瓣按序号顺
序粘好。

5

在步骤4中花瓣上方粘贴小花瓣。
此时，小花瓣要粘在2片大花瓣
中间的位置。

6

参照p.7将6颗珍珠串珠穿成环形，
粘在步骤5的花朵中心。再在串珠
环的中心粘1颗珍珠串珠。

❀ 制作挂饰

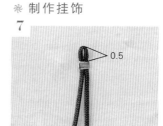

7

将玉线对折，在距离折痕0.5cm
的位置用定位珠卡住。

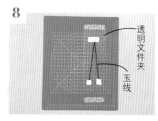

8

将步骤7中的玉线用胶带粘在透
明文件夹或塑料板等物品上。注
意不要让玉线拧缠。

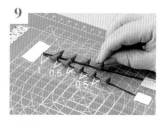

9

从定位珠向下1cm的位置起，空
出指定的间隔粘上挂饰用的圆形
捏片。双层圆形捏片粘在最下面
的位置。

10

参照p.7将大头针穿过水滴形串
珠，大头针的末端折成圆环。

11

将步骤9中的玉线穿过步骤10中
做出的圆环中，在最下面双层圆
形捏片背面的玉线上涂上白胶。

12

双层圆形捏片下方空出0.3cm，
然后将玉线翻折过来粘好。剪掉
多余的玉线。用同样的方法将挂
饰的另一端也处理好。

❀ 组合在发夹上

13

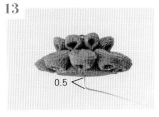

将铁丝在距离底座0.5cm处折成直角。

14

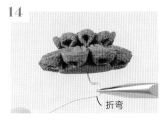

折弯

把铁丝弯折成适合发夹的形状。

15

将挂饰穿在铁丝上。

16

将发夹穿过步骤14中铁丝弯折的位置，然后用铁丝缠绕发夹。

17

缠绕三四圈后剪掉多余的铁丝。

18

将铁丝末端塞进去

用尖嘴钳将铁丝末端塞进发夹背面的凹槽里。

19

花艺胶带

在铁丝上缠上花艺胶带。

20

完成。

❀ 三朵花以上的情况

1

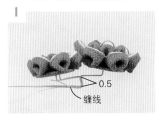

0.5
缠线

参照p.75的步骤14~17，将铁丝聚成一束缠线，在距离缠线起始处0.5cm的位置将铁丝折成直角。

2

左右两边各留一根铁丝，将中间的铁丝在缠线终点处剪断。

3

交叉

将2根铁丝交叉，弯折成适合发夹穿过的形状，然后穿过发夹。

4

缠绕铁丝

用铁丝将缠线的铁丝部分和发夹一同缠绕起来固定好。

5

另一根铁丝也按同样的方式缠好。

6

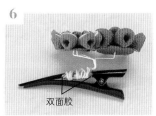

双面胶

在铁丝上反复粘几圈双面胶加固。为了防止发夹上面的花滑动，铁丝外的位置也要粘上双面胶加固。

7

花艺胶带

在双面胶上缠上花艺胶带。

8

完成。

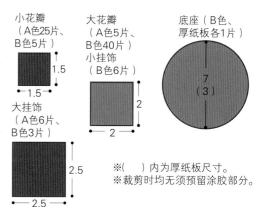

◆ 材料和用量

花瓣用绉布（A色、B色）各20cm×15cm（含挂饰、底座）；泡沫球直径3cm1个；花艺铁丝（白色）#24长度18cm 2根；串珠直径0.6cm 3颗；T形针长度2cm3根；U形簪长度7.5cm1支；三环挂饰条宽度1.8cm1个；圆形开口圈直径0.4cm1个；龙虾扣长度0.9cm1个；玉线（黑色）长度12cm3根；绣线、花艺胶带（黑色）、厚纸板各适量

成品直径5cm

小花瓣
（A色25片、
B色5片）
1.5
1.5

大花瓣
（A色5片、
B色40片）
2

小挂饰
（B色6片）

底座（B色、
厚纸板各1片）
7
（3）

大挂饰
（A色6片、
B色3片）
2.5
2.5

※（ ）内为厚纸板尺寸。
※裁剪时均无须预留涂胶部分。

❀ 制作底座

1

参照p.56制作带铁丝的半球底座，再参照p.59制作花朵和挂饰各自所需的剑菊捏片。

❀ 制作花朵

2

0.8

在底座中心插上珠针，以珠针为圆心画直径0.8cm的圆。

3

1
4
5
2
3

沿着步骤2中画的圆按序号顺序粘贴A色的小花瓣。

4

1
5
4
3
2

在步骤3中粘贴好的花瓣之间各粘2片小花瓣。

5

第2层是在步骤4中粘好的花瓣之间插进小花瓣并粘贴好。

6

第2层

此时，每隔2片A色花瓣粘1片B色花瓣。第3层是在第2层花瓣之间插入大花瓣并粘贴好。

7

第3层
第2层

第3层是在第2层的2片A色花瓣之间粘贴1片A色花瓣，然后在第2层B色花瓣两边各粘贴1片B色花瓣。

8

第3层
第4层
第2层

第4层是在第3层花瓣之间粘贴B色大花瓣。

9

超出部分

要在步骤8中粘好的花瓣之间插进B色大花瓣时，先测量一下超出底座部分的长度。

10

大花瓣的末端剪掉步骤9中测量的超出长度。然后在步骤8中所粘贴的花瓣之间粘上修剪后的花瓣，使其与步骤7中所粘花瓣保持在同一纵线上。

❀ 制作花蕊

11

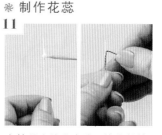

在铁丝上涂上白胶，缠上绣线。用手指按住绣线的一端，将绣线叠粘在铁丝上，一直粘到开始缠线的位置。

12

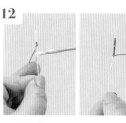

一边在铁丝上涂上白胶，一边不留间隙地缠上绣线。

13

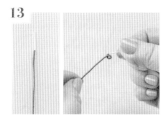

绣线缠绕铁丝缠到10cm时，将裹线铁丝呈螺旋形卷绕。从铁丝开始缠线的位置卷绕。

14

1.4

一直卷到直径为1.4cm为止。

15

结束处　起点处

在结束处用剪钳剪断铁丝，将起点处多余的铁丝也剪断。

16

白胶

用竹签在步骤15中做好的花蕊背面涂抹白胶，粘到花的中心。珠针要事先取下来。

✳ 组合在U形簪上

17

绕圈　　折痕　1.3

用尖嘴钳之类的工具在花朵下方1.3cm处将铁丝绕一个圈。

18

U形簪

将U形簪穿过步骤17中做好的小圈。

19

缠绕铁丝

将铁丝缠绕在U形簪上。

20

铁丝按箭头方向缠绕，然后绕回中心。

21

花艺胶带

在铁丝上缠上花艺胶带。

22

0.5

在花朵下方0.5cm处折弯铁丝，使花蕊朝向正面。

✳ 制作挂饰

23

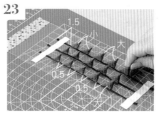

按照p.62的步骤8、9，将3根玉线并排粘好，空出指定的间隔将剑菊捏片用白胶粘到玉线上。

24

三环挂饰条　白胶

将步骤23中做好的挂饰的上端穿过三环挂饰条的孔。在最上面的剑菊捏片背面的玉线上涂上白胶。

25

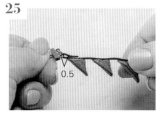

0.5

在最上面的剑菊捏片上方0.5cm处翻折玉线并粘好。

26

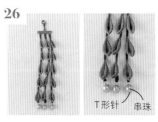

T形针　串珠

参照p.7将串珠穿到T形针上，并将T形针末端折成圆环。再参照p.62的步骤11、12将串珠安到步骤25中挂饰的下端。

27

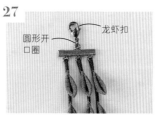

圆形开口圈　龙虾扣

参照p.7用圆形开口圈将龙虾扣安装在三环挂饰条上。

28

将挂饰的龙虾扣扣在花朵的铁丝上。

成品宽度9.5cm

◆**材料和用量**

花瓣用绉布（A色、B色）各20cm×10cm（含底座）；叶子用绉布（C色）10cm×5cm；金属花蕊底座直径0.8cm3个；串珠（朱红色）直径0.4cm3颗，直径0.8cm2颗；大头针（古铜色）长度3cm2根；金属链（古铜色）长度11cm1根；圆形开口圈直径0.4cm1个；龙虾扣长度0.9cm1个；15齿发梳1个；花艺铁丝（白色）#24长度18cm5根；花艺胶带（黑色）、厚纸板各适量

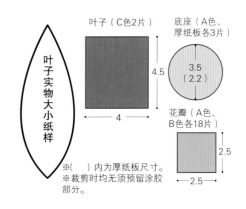

叶子实物大小纸样

叶子（C色2片）
4.5
4

底座（A色、厚纸板各3片）
3.5
(2.2)

花瓣（A色、B色各18片）
2.5
2.5

※（　）内为厚纸板尺寸。
※裁剪时均无须预留涂胶部分。

❀ 制作花朵

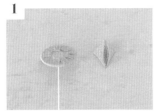

1

参照p.56制作3个带铁丝的平面底座。参照p.58用花瓣用绉布制作18片A色位于外层的双层菱形捏片。

2

按序号顺序将花瓣粘到底座上。

3

用尖嘴钳掰开金属花蕊底座。

4

金属花蕊底座
直径0.4cm串珠

将步骤3中做好的花蕊粘在步骤2中做好的花的中心，再将串珠粘在花蕊上。用同样的方法制作3朵花。

5

取步骤4中做好的其中一朵花，在铁丝上缠上花艺胶带，缠到底座下方3cm的位置。

❀ 制作叶子

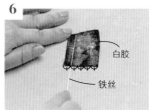

6

白胶
铁丝

在叶子用绉布上整体涂抹一层薄薄的白胶，然后将铁丝放在距离布边1/5宽度处。

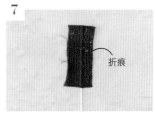

7

折痕

将布对折黏合在一起。

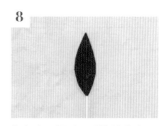

8

待白胶干燥后，以铁丝为中心，使用实物大小纸样剪出叶子的形状。用同样的方法共制作2片叶子。

❀ 组合在发梳上

9

将2片叶子并到一起，在铁丝上缠绕花艺胶带至叶子下方2cm处。

10

剪掉一根　1.5

将其中一根铁丝在花艺胶带下方1.5cm处剪断。

11

捏住叶尖，扭转出动感。

12

2.5

在花朵底座下方2.5cm处，将缠有花艺胶带的铁丝折成直角。

13

将步骤12中的铁丝与发梳中间的齿对齐。

14

2个齿 2个齿

将步骤13中折好的铁丝向左、向右各缠2个齿。

15

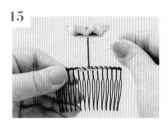

在发梳的每个齿间各绕一周。绕完后将多余的铁丝剪断。

16

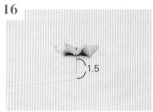

1.5

其他2朵花在花朵下方1.5cm处将铁丝折成直角。

17

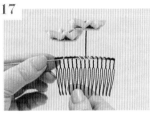

使步骤16中做好的花朵的铁丝与发梳从左数第3个齿对齐。

18

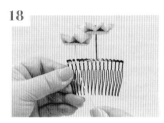

按照步骤14、15将铁丝缠好。

19

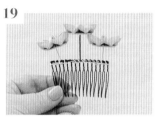

另一边也以同样的方法安装好花朵。

20

1.8

叶子叠放在中间和右端的花朵之间。

21

按照步骤14、15将铁丝缠绕在发梳上。

22

花艺胶带

在铁丝上缠上花艺胶带。与铁丝一样沿着发梳的梳背缠绕。

23

每个齿之间各缠1圈。

24

0.5

将花朵朝向正面，调整形状。中间的花在底座下方0.5cm处将铁丝折成直角。

✽ 制作挂饰

25

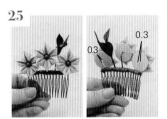

0.3
0.3

左右两边的花在底座下方0.3cm处将铁丝折成直角。

26

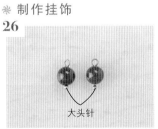

大头针

参照p.7，将大头针穿过串珠并将其末端折成圆环。

27

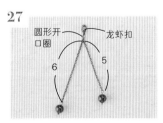

圆形开口圈 龙虾扣
6 5

将步骤26中做好的串珠安在金属链的两端。用圆形开口圈将龙虾扣安装在金属链的指定位置。

28

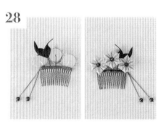

在右边花的铁丝上扣上挂饰的龙虾扣。完成。

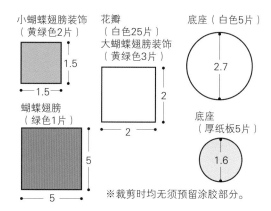

成品宽度6.5cm

◆材料和用量

花瓣用绉布（白色）10cm×15cm（含底座）；蝴蝶用绉布（绿色）5cm×5cm，（黄绿色）10cm×5cm；串珠（朱红色）直径0.4cm5颗；珍珠串珠（绿色）直径0.3cm5颗；金属花蕊底座（古铜色）直径0.8cm5个；小铃铛直径0.8cm2个；金属链长度7cm1根；10齿发梳1个；圆形开口圈直径0.4cm3个；花艺铁丝（白色）#24长度36cm1根、长度18cm5根，#26长度36cm1根；绣线（绿色）、花艺胶带（黑色）、缝纫线30号（白色）、厚纸板各适量

小蝴蝶翅膀装饰（黄绿色2片）
1.5 × 1.5

花瓣（白色25片）
大蝴蝶翅膀装饰（黄绿色3片）
2 × 2

底座（白色5片）
2.7

蝴蝶翅膀（绿色1片）
5 × 5

底座（厚纸板5片）
1.6

※裁剪时均无须预留涂胶部分。

❀ 制作花朵

1

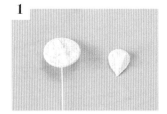

参照p.56制作带铁丝的平面底座，参照p.58制作翻折圆形捏片5片。

2

将花瓣按序号顺序粘到底座上。

3

金属花蕊底座
串珠（朱红色）

在花的中心粘上金属花蕊底座，再在金属花蕊底座中心粘上串珠（朱红色）。按步骤1~3共制作5朵花。

❀ 制作花束

4

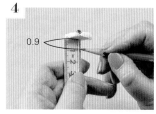

0.9

在中心花的铁丝上距离底座0.9cm处做上标记。

5

1.4

其余4朵花在距离底座1.4cm的位置做上标记，然后将铁丝弯折60°。

6

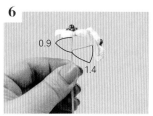

0.9
1.4

将步骤4中的花与步骤5中的花对齐标记处并拿好。

7

调整步骤5的花的位置，使其叠放在中心花的下面。

8

留出空间

重复步骤6、7将5朵花组合在一起。给粘蝴蝶的位置事先留出一点空间。

❀ 组合在发梳上

9

白胶

在步骤8的铁丝上涂上白胶。

10

缠线
1.5

参照p.75步骤14~16开始在铁丝上缠上缝纫线（白色），不留缝隙地缠至1.5cm长。缠好后参照p.75的步骤17处理。

11

在缠线结束的位置将铁丝折成直角。

12

将步骤11中的铁丝与发梳中心重叠，铁丝弯折部分沿着发梳梳背平放，剪掉超出发梳的部分。

13
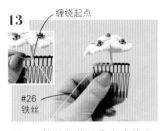
缠绕起点
#26铁丝

用#26铁丝将花固定在发梳上。铁丝的起点和终点都各缠2圈，发梳的每个齿间各缠1圈。

14

花艺胶带

参照p.67步骤22、23，在铁丝上缠上花艺胶带。

15

0.5

在距离发梳0.5cm处将铁丝弯折成直角，使花朝向正面。

❀ 制作蝴蝶

16
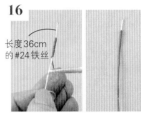
长度36cm的#24铁丝

参照p.64步骤11、12，在长度36cm的#24铁丝上边涂白胶边缠绣线（绿色），缠至30cm长。

17
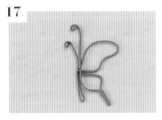

使用实物大小纸样用步骤16中的铁丝做出蝴蝶的形状。

要点

①用尖嘴钳折弯铁丝做出蝴蝶触角。

②将铁丝放在纸样上，依照右下角实物大小纸样上箭头指示的顺序折弯铁丝。

涂抹白胶

③蝴蝶腹部和翅膀的重合处用绣线（绿色）打结，然后在打结处涂上白胶。

18
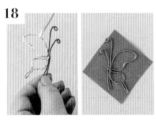

在步骤17的翅膀背面涂上白胶，然后粘上翅膀用绉布（绿色）。

19
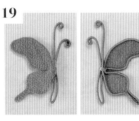

待白胶干燥后沿翅膀形状裁剪布料。

20
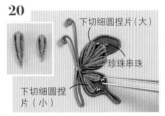
下切细圆捏片（大）
珍珠串珠
下切细圆捏片（小）

参照p.61，使用翅膀装饰用绉布制作出下端剪掉1/2宽度的下切细圆捏片，然后粘到步骤19的翅膀上，再粘上珍珠串珠。

21

白胶

在步骤15的花束留出的空间处涂上白胶。

❀ 制作挂饰

22

将蝴蝶粘到步骤21涂好白胶的花上。改变蝴蝶下方花的角度，使其调整至可见的位置。

23
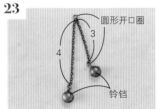
圆形开口圈
3
4
铃铛

将金属链剪成4cm和3cm的2段。参照p.7分别用圆形开口圈安上小铃铛。再将2段金属链用圆形开口圈连接起来。

24

将步骤23中做好的金属链挂到蝴蝶上。完成。

实物大小纸样
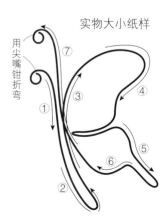
用尖嘴钳折弯
① ② ③ ④ ⑤ ⑥ ⑦

✿ p.53 山吹袭发梳的制作方法

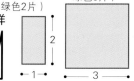

◆材料和用量

成品宽度10.5cm

花瓣用绉布（黄色、柠檬黄色）各15cm×15cm（含花蕾、底座）；叶子用绉布（薄荷绿色）10cm×15cm（含花萼、加固布）；极小细头花蕊（黄色）30根；花艺铁丝（白色）#24长度18cm8根，#26长度18cm1根；15齿发梳1个；缝纫线30号（白色）、捆扎线（绿色）、花艺胶带（黑色）、厚纸板各适量

花瓣（黄色、柠檬黄色各5片）
花蕾（黄色、柠檬黄色各2片）
花萼（薄荷绿色1片）
小叶子（薄荷绿色6片）

2.5 — 2.5

底座（柠檬黄色、厚纸板各3片）

2.5（1.6）

※（ ）内为厚纸板尺寸。
※裁剪时均无须预留涂胶部分。

加固布（薄荷绿色2片）

2 — 1

大叶子（薄荷绿色6片）

3 — 3

花萼 实物大小纸样

✿ 制作花朵

1

参照p.56做3个带铁丝的平面底座。再参照p.58做15片正面为较深黄色的双层翻折圆形捏片和2片正面为较浅黄色的双层翻折圆形捏片。

2

按序号顺序将双层翻折圆形捏片粘到底座上。

✿ 制作花蕊

3

1.5
用线绑起来

将10根极小细头花蕊剪掉一半后聚成一束，在距顶端1.5cm处用缝纫线绑起来。然后在花蕊的中轴注入白胶加固，待白胶干燥后将捆线下面的部分剪断。

4

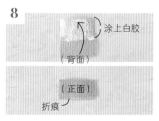

掰散开

在步骤3的花蕊断面上涂抹白胶，保持立起状态粘到花的中心。待白胶干燥后再将花蕊掰散开。用同样的方法共制作3朵花。

5

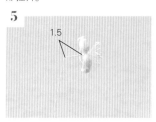

1.5

将步骤4中花的铁丝在距离底座1.5cm处折成直角。

✿ 制作花蕾

6

弯折1cm

将铁丝前端弯折1cm，涂上白胶，粘在正面为较浅黄色的双层翻折圆形捏片背面。

7

涂上白胶

在步骤6的铁丝上和花瓣边缘涂上白胶，再将另一片花瓣正面朝外跟刚才的花瓣粘在一起，将铁丝夹在中间。

8

涂上白胶
（背面）
（正面）
折痕

在花萼用绉布的背面上半部分涂抹薄薄一层白胶，然后对折使其粘牢。

9

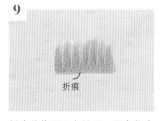

折痕

折痕处位于下方放置，用实物大小纸样画出形状，无须预留涂胶部分，按纸样形状直接裁剪下来。

10

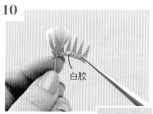

白胶

在步骤9中做好的花萼的下端涂上白胶，围绕着花蕾下端粘好。

✿ 制作叶子

11

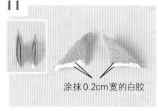

涂抹0.2cm宽的白胶

参照p.58制作大、小叶子各6片。在其中2片大叶子的裁剪边涂抹0.2cm宽的白胶。

12

将步骤11中的2片大叶子粘在一起。

70

13

涂上白胶

将第3片叶子粘在步骤12中的2片叶子之间。

14

弯折0.5cm

将铁丝的前端弯折0.5cm，粘在步骤12的涂胶边上。

15

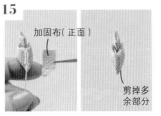

加固布（正面）

剪掉多余部分

在铁丝上粘上加固布，剪掉多余部分。按照步骤11~15共制作2片大叶子。

16

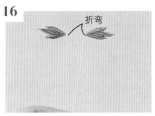

折弯

使叶子朝向侧面将铁丝折成直角。按步骤11~16制作2片小叶子。

❀ 组合花朵

17

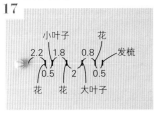

小叶子　花

2.2　1.8　0.8　发梳

0.5　　2　0.5

花　花　大叶子

在花蕾的铁丝上做上标记。

18

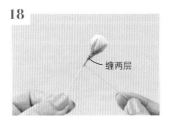

缠两层

参照p.64的步骤11、12，在花蕾的铁丝上缠上捆扎线。从花萼下方开始缠，紧挨着花萼的地方缠两层，然后平滑过渡慢慢变细，一直缠到步骤17中的第1个标记处。

19

与标记对齐

将1朵花的铁丝的折弯处与步骤18中的铁丝标记处对齐，然后拉紧绕线继续缠绕2根铁丝0.5cm。

❀ 安装发梳

20

将小叶子的铁丝的折弯处与步骤19中缠好的铁丝的标记处对齐，继续缠线。此时，3根铁丝不要呈三角排列，要平铺排列然后缠线。

21

5.5

重复步骤19、20，按1朵花、2片大叶子、1朵花的顺序将铁丝叠放在一起然后缠线，一直缠到最后一朵花下方5.5cm处。

22

参照p.75步骤17处理缠线终点处，剪掉多余的铁丝。调整花使其朝向正面。

23

（背面）

#26铁丝

发梳（前）

将步骤22中的成品翻到背面，叠放在发梳梳背上。参照p.69步骤13缠绕铁丝，把步骤22中的成品固定在发梳上。

24

花艺胶带

参照p.67的步骤22、23，在铁丝上缠上花艺胶带。

25

折过来

用尖嘴钳将步骤22中的铁丝对折。

26

缠两三圈

花与发梳不伏贴的情况下，需要缠两三圈捆扎线后打结，把花固定在发梳上。

27

涂抹白胶

在步骤26中的打结处涂抹白胶加固。

28

调整花和叶子的形状。完成。

❀ **p.42 山茶花发簪的制作方法**

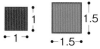

◆ **材料和用量**

花瓣用绉布（红色）35cm×25cm（含花蕾、底座，加固布）；叶子用绉布（深绿色）15cm×10cm；泡沫球直径2cm1个；极小细头花蕊（黄色）80根；花艺铁丝（白色）#24长度10cm1根；塑料双股发簪长度11.5cm1支；捆扎线（绿色）、厚纸板、双面胶各适量

成品宽度10.5cm

小花瓣（红色6片）
大叶子（深绿色2片）
5 | 5

大花瓣（红色12片）
6 | 6

底座（红色、厚纸板各1片）
6（3.4）

加固布（红色1片）
1 | 1

小叶子（深绿色2片）
1.5 | 1.5

中叶子（深绿色2片）
3.5 | 3.5

花蕾（红色1片）
7

※（ ）内为厚纸板尺寸。
※裁剪时均无须预留涂胶部分。

❀ **制作底座、叶子**

1

参照p.56制作平面底座。参照p.60使用大叶子、中叶子用绉布制作翻折剑菊捏片。

❀ **制作花朵**

2

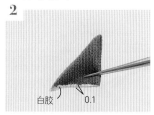

白胶　0.1

参照p.57使用大花瓣用绉布制作细圆捏片，裁剪边涂抹0.1cm宽的白胶。

3

将步骤2中涂过白胶的细圆捏片粘到底座上。

4

用手指摁住细圆捏片的中心，拿锥子将边缘立起，再用拇指将花瓣展开。

5

悬起

将步骤2中涂有白胶的裁剪边拉开，使两边向左右张开，再将右侧沿着底座边缘粘好，左侧不要粘，使其稍稍悬起。

6

第3片
涂上白胶粘好

用同样的方法按顺时针方向粘贴花瓣，共计3片。第3片花瓣叠粘在第1片花瓣的左侧下方位置。

7

重复步骤2~6粘好第2层大花瓣。此时，要将第2层花瓣的中心对准第1层的花瓣与花瓣之间。

8

第2层花瓣粘好后的样子。

❀ **组合叶子**

9

第1层
第2层
第3层

按照步骤7粘好第3层小花瓣。

10

揭开

趁第1层花瓣的白胶干燥前，将花瓣与底座之间稍微揭开一点。

11

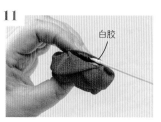

白胶

在步骤10中揭开的位置涂抹白胶。

12

大叶子
中叶子

将大叶子和中叶子的尾端插进步骤11中涂抹白胶的位置粘好。

❀ 制作花蕊

13

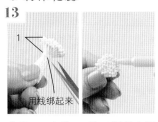

用线绑起来

参照p.70步骤3，用40根极小细头花蕊制作花蕊。若是白色的细头花蕊可用记号笔将其涂成黄色。

14

将步骤13中做好的花蕊粘在花的中心。用同样的方法共制作2朵花。

❀ 制作花蕾

15

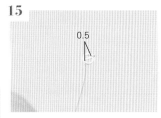

参照p.56"带铁丝的平面底座"步骤1~3把铁丝的前端弯折成直径0.5cm的环形。

16

将步骤15中折好的铁丝穿过泡沫球。

17

加固布

用白胶在铁丝环上方粘贴加固布。

18

在花蕾用绉布上涂满薄薄一层白胶。

19

用步骤18中涂满白胶的花蕾用绉布将步骤17中的泡沫球包裹起来。

20

尽可能不产生褶皱地一边拉伸一边包裹。

❀ 组合在发簪上

21

参照p.64步骤11、12，从泡沫球下方1/3处开始缠捆扎线。

22

缠到距离缠线起点4cm的位置。

23

参照p.60使用小叶子用绉布制作翻折剑菊捏片，再粘在距离缠线起点1.5cm的位置。

24

折起1.5cm

将花蕾的铁丝下端折起1.5cm。

25

双面胶

用双面胶将其粘到发簪上。

26

在发簪上多涂些未稀释的白胶。

27

将步骤14中做好的花粘到步骤26中涂好胶的发簪上。注意叶子和花蕾的位置。

28

完成。

成品宽度8cm

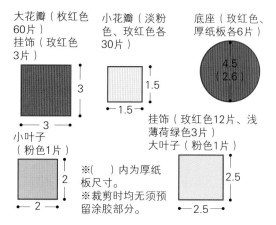

大花瓣（枚红色60片）
挂饰（玫红色3片）

小花瓣（淡粉色、玫红色各30片）

底座（玫红色、厚纸板各6片）
4.5（2.6）

小叶子（粉色1片）

挂饰（玫红色12片、浅薄荷绿色3片）
大叶子（粉色1片）

※（ ）内为厚纸板尺寸。
※裁剪时均无须预留涂胶部分。

◆ **材料和用量**

花瓣用绉布（玫红色）35cm×30cm（含底座、挂饰），（淡粉色）10cm×10cm；挂饰用绉布（浅薄荷绿色）10cm×5cm；叶子用绉布（粉色）5cm×5cm；串珠（粉色）直径0.6cm9颗；T形针长度3cm3根；水钻直径0.26cm10颗；银线铁丝长度12cm5根；细头花蕊（浅绿色）30根；花艺铁丝（白色）#24长度18cm14根；玉线长度15cm3根；双股发簪长度11.5cm1支；花艺胶带（白色）、捆扎线（绿色）、厚纸板各适量

✿ 制作花朵

1

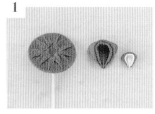

参照p.56制作带铁丝的平面底座，参照p.57、p.58使用小花瓣用绉布制作双层圆形捏片，使用大花瓣用绉布制作双层梅花捏片。

2

按序号顺序将大花瓣粘到底座上。大、小花瓣的尾端对齐，将小花瓣粘到大花瓣里面。

3

将细头花蕊长度剪至0.8cm，粘到小花瓣里面。

4

在花的中心粘上串珠。按照步骤2~4共制作6朵花。

✿ 用铁丝制作叶子

5

用银线铁丝在钢笔之类的物品上缠绕2周，绕出2圈直径1.5cm的环形，两端各留1cm长的铁丝尾巴。

6

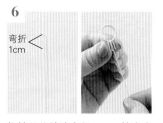

将铁丝的前端弯折1cm，挂在步骤5中留出来的两根铁丝尾巴之间。

7

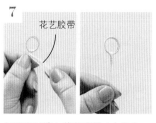

如图所示缠上花艺胶带（白色）。

8

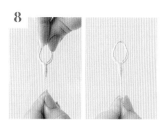

用手指捏住银线铁丝环圈，调整成叶子的形状。

9

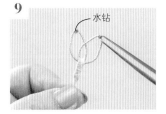

将水钻涂上白胶，粘到做好的银线铁丝叶子的尖端。

10

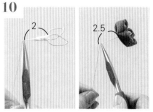

在叶子下方2cm处将铁丝折成角。在花的底座下方2.5cm处将铁丝折弯60°。用同样的方法处理5朵花，另保留1朵花不折弯。

✿ 组合花和叶子

11

在步骤10中预先保留未折弯的花的底座下方3cm处做上标记，将折弯铁丝的花的折弯处与标记对齐组合到一起。花与花相接，使梅花捏片边缘挨在一起。

12

用同样的方法将6朵花组合到一起。

13

将银线铁丝叶子跟步骤12中组合好的花聚成一束，使水钻在花朵之间露出来。

14

涂抹白胶

在铁丝上涂抹白胶。

15

粘上线

用手指摁住捆扎线的一端，沿着铁丝往上粘，一直粘到要开始缠线的位置。

16

拉紧，缠两三圈

开始的两三圈要边拉紧边缠线。不留缝隙地缠至4cm长。

17

4　挂线　铁丝　向上拉紧

在缠线终点处，用线挂住1根铁丝，向上拉紧。

❀ 制作叶子

18

参照p.60使用大叶子用绉布和小叶子用绉布制作翻折剑菊捏片，将2片叶子插进中心花的花瓣之间粘好。

❀ 制作爪钩

19

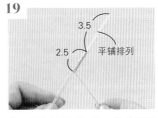

3.5　2.5　平铺排列

将3根铁丝聚成一束，参照步骤14~17缠线。此时，铁丝不要呈三角排列，要平铺排列。

20

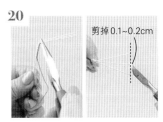

剪掉0.1~0.2cm

在缠线的开始位置将铁丝折成直角。为了使3根铁丝的前端处在同一水平线，要将正中间的铁丝剪掉0.1~0.2cm。

21

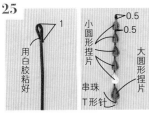

向上折　1

在铁丝前端1cm处向下折成直角，再如图所示将这1cm用手指向上折，形成爪钩的环。

22

错开0.5cm

如图所示将步骤21中折好的铁丝与步骤17中的成品错开0.5cm叠放在一起，参照步骤14~17缠线至2.5cm长。

23

2.5

剪掉多余的铁丝。

❀ 组合在发簪上

24

缠两三圈线　将花叠放缠线　发簪

在发簪的末端涂上白胶，然后缠两三圈线，再将步骤23中的成品叠放在发簪末端接着缠线，缠线终点用白胶粘好。

❀ 制作挂饰

25

用白胶粘好　1　0.5　0.5　小圆形捏片　大圆形捏片　串珠　T形针

将剪成15cm长的玉线在其中一端折1cm，用白胶粘好。参照p.65的步骤23、26，将圆形捏片和穿上T形针的串珠安装到玉线上。

26

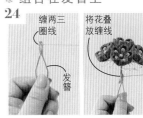

在爪钩的环上挂上挂饰。

27

折弯铁丝调整花束的朝向。

28

完成。

成品宽度6.5cm（流苏除外）

◆ **材料和用量**

花瓣用绉布（深紫色）20cm×15cm（含底座），（红茶色）15cm×15cm，（粉色）10cm×10cm（含底座）；珍珠串珠（紫色）直径0.4cm3颗；花火形金属花蕊底座（金色）直径1cm3个；细头花蕊（紫色）18根；流苏绦带（粉色）长度50cm（含流苏长度）；花艺铁丝（白色）#24长度18cm6根，#22长度18cm1根；双股发簪长度10.5cm1支；捆扎线（紫色）、缝纫线30号（黑色）、厚纸板各适量

小花瓣
内层（红茶色9片）
小花（粉色18片）

大花瓣
外层（深紫色9片）

蔷薇底座（深紫色、厚纸板各3片）

1.5
1.5
3
3
4
（2.4）

小花瓣
外层（深紫色9片）
中花瓣
内层（红茶色9片）

中花瓣
外层（深紫色9片）
大花瓣
内层（红茶色9片）

小花底座
（粉色、厚纸板各3片）

2
2
2.5
2.5
2.3
（1.6）

※（ ）内为厚纸板尺寸。
※裁剪时均无须预留涂胶部分。

❀ **制作底座**

1

参照p.56制作带铁丝的平面底座。

❀ **制作蔷薇**

2

参照p.60使用花瓣用绉布制作红茶色内层的双层开口剑菊捏片，大、中、小花瓣各3片。

3

稍微往里贴一点

沿着底座边缘将1片大花瓣立起粘好。花瓣左侧稍微往里贴一点。

4

重叠

以顺时针方向粘贴第2片大花瓣。第2片与第1片内侧稍有重叠。

5

第3片
第2片
第1片

第3片大花瓣两侧分别与第2片内侧、第1片外侧稍有重叠粘在底座上。

6

中花瓣
外层花瓣

在步骤5中成品的内侧粘贴中花瓣。此时，要粘在外侧的花瓣与花瓣之间的位置。

7

按步骤3~6粘贴3片中花瓣。

8

外侧
中间
内侧

用同样的方法在中花瓣内侧粘贴3片小花瓣。

❀ **制作小花**

9

涂抹白胶
1
细头花蕊

参照p.70步骤3用6根细头花蕊制作花蕊，再粘在步骤8中小花的中心。用同样的方法共制作3朵蔷薇。

10

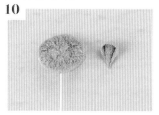

参照p.56制作带铁丝的平面底座，参照p.57制作6片圆形捏片。

11

1
3
5
6
2

将花瓣按序号顺序粘到底座上。

12

珍珠串珠
金属花蕊底座

将金属花蕊底座用尖嘴钳掰开，粘到步骤11中花的中心。再在金属花蕊底座中心粘上珍珠串珠。用同样的方法共制作3朵小花。

❀ 制作装饰绳

13

给流苏绦带打个蝴蝶结。

14

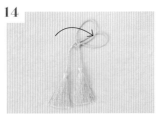

将步骤13中的蝴蝶结对折后调整形状。

15

弯折3cm
铁丝

在打结处将 #22 铁丝穿过3cm长并折弯。

16

涂白胶固定

在步骤15的翅膀部分和打结处涂上白胶固定。

❀ 组合

17

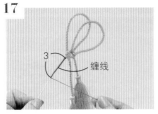

3
缠线

参照 p.64 步骤11、12在步骤16中的铁丝上缠绕捆扎线至3cm长。

18

2.5
2

在距离蔷薇底座 2cm 处、距离小花底座2.5cm 处，分别将铁丝折弯60°。

19

折弯

在紧挨着装饰绳打结处将铁丝折弯成直角。

20

将3朵蔷薇聚成一束。

21

在蔷薇之间加入小花并聚成一束。

22

加入装饰绳。

23

调整花、装饰绳的位置。

24

2.5
缠线

参照 p.75 步骤14~17，在铁丝上不留缝隙地缠线至2.5cm长。

❀ 组合在发簪上

25

2.5

剪去多余的铁丝。

26

发簪

参照 p.75 步骤24，将发簪与步骤25中的成品放在一起缠捆扎线固定。

27

0.5
折弯

在距离铁丝缠线起点0.5cm的位置用尖嘴钳将其折弯，调整花的朝向。

28

完成。

成品宽度7.5cm

◆ 材料和用量

花瓣用绉布(深紫色、紫色、淡紫色)各20cm×20cm(含底座、挂饰),(紫藤色)25cm×20cm(含底座、挂饰),(深紫红色)5cm×5cm;叶子用绉布(黄绿色、浅黄绿色)各10cm×10cm;珍珠串珠(白色)直径0.7cm4颗,直径0.4cm3颗;大头针长度3cm4根;花艺铁丝(白色)#24长度18cm13根,#22长度18cm3根;玉线(黑色)长度16cm4根;双股发簪长度11.5cm1支;捆扎线(绿色)、厚纸板各适量

花B小花瓣(紫色30片)
花A中花瓣(紫色、紫藤色各15片)
花A大花瓣(深紫色15片)
花A底座(深紫色、厚纸板各3片)

花B花蕊(紫色3片)
花C小花瓣(淡紫色30片)
花A花蕊(深紫红色3片)
花B中花瓣(紫藤色15片)

花C花蕊(紫藤色3片)
花C中花瓣(淡紫色15片)

大叶片(黄绿色6片)
挂饰(深紫色4片、紫色8片、紫藤色12片)
小叶子(黄绿色18片、浅黄绿色24片)

花B底座(紫藤色、厚纸板各3片)
花C底座(淡紫色、厚纸板各3片)

3 / 3
4.5(2.6)

2 / 2
2.5 / 2.5
1.5 / 1.5
3.5(2.1)

※( )内为厚纸板尺寸。

❀ 制作底座和花瓣

1

参照p.56制作带铁丝的平面底座,参照p.60、p.61使用花瓣用绉布分别制作对接捏片作为花瓣。

❀ 制作蔷薇

2

(背面)
白胶

在花A的大花瓣背面的下半部分涂上白胶。

3

(正面) (背面)

将步骤2中涂好白胶的花瓣粘到底座上。

4

按照步骤2、3沿顺时针方向一点一点略有重叠地将5片花瓣粘满一圈。

5

第5片 第1片

第5片叠放在第4片之上、第1片之下粘好。

6

第1层 第2层

按照步骤2~4在第2层粘贴花A的中花瓣。此时,每片花瓣要横跨第1层的2片花瓣,先粘到第4片。

7

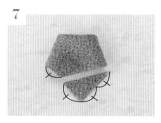

第2层的第5片花瓣下端斜着剪掉。

8

按照步骤5,将步骤7中剪好的花瓣叠放在第4片之上、第1片之下粘好。

❀ 制作花蕊

9

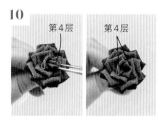

第1层 第2层 第3层

第3层粘贴3片中花瓣。第3片花瓣按照步骤7、8剪切后粘好。

10

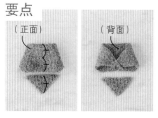

第4层 第4层

第4层粘贴2片中花瓣。

要点

(正面) (背面)

第2层之后,如果花瓣难以粘贴,将花瓣下端剪掉1/3高度即可。

11

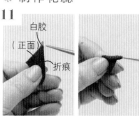

白胶
(正面)
折痕

将花蕊用绉布正面朝外对折成三角形,在一角涂上白胶后将锥子放在此处,由此开始斜着一圈圈向内卷绕布料。

12

白胶

卷好后在末端涂上白胶粘好，制作出花蕊。

13

花蕊

剪掉花蕊下端，在裁剪边涂上白胶，粘到步骤10中做好的花的中心。

14

花A　花B

花C

用同样的方法共制作3朵花A，再用中、小花瓣各制作3朵花B和3朵花C。

15

参照p.58使用叶子用绉布制作翻折圆形捏片。

16

（正面）

0.5

#22铁丝

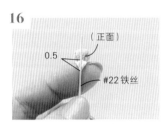

在小叶子（浅黄绿色）正面下端0.5cm处涂上白胶，粘上#22铁丝。

17

将铁丝夹在2片叶子中间，将另一片小叶子（浅黄绿色）正面朝内粘到铁丝上。

18

留0.5cm后剪断　直径0.4cm珍珠串珠

0.5　0.5　小叶子（浅黄绿色）

0.5　小叶子（绿色）　大叶子

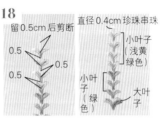

用同样的方法在上面4段粘浅黄绿色叶子，下面3段粘黄绿色叶子，最下方粘大叶子，每段各粘2片叶子。铁丝前端留0.5cm后剪断，安上直径0.4cm的珍珠串珠。用同样的方法共做3根。

19

花A

1.5

花A的铁丝在底座下方1.5cm处斜着折弯60°，把3朵花聚成一束。

20

花B

2　花B

花B的铁丝在底座下方2cm处斜着折弯，叠放在步骤19的花A之间。

21

花C

2.5　花C

花C的铁丝在底座下方2.5cm处斜着折弯，叠放在步骤20的花B之间。

22

2.5

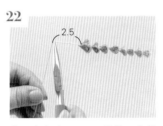

在距离大叶子2.5cm的位置将铁丝折成直角。

23

枝叶

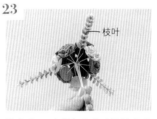

将步骤22中做好的枝叶叠放在步骤21的花B、花C之间。

24

5

将12根铁丝聚成一束涂上白胶，参照p.75步骤14~17缠捆扎线至5cm长。

25

将枝叶沿着花B弯曲，调整形状。

26

枝叶弯好后的样子。

27

2.5　2.3

缠线至2cm长　2.5

错开1.5cm

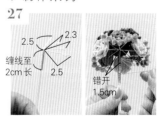

参照p.75步骤19~21制作4爪爪钩。按照p.75步骤22将爪钩和步骤26中的成品聚在一起缠上捆扎线。

❀ 组合在发簪上

28

在爪钩下方2.5cm处剪断铁丝。
参照p.75步骤24将花束组合在
发簪上。

29

折弯铁丝调整花束的朝向。

❀ 制作挂饰

30

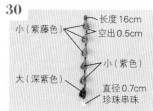

长度16cm
空出0.5cm
小（紫藤色）
小（紫色）
大（深紫色）
直径0.7cm
珍珠串珠

参照p.75步骤25和p.65步骤23、
26制作4根挂饰。

31

将步骤30中的挂
饰挂在爪钩的环上
就完成了。

❀ p.32 双层剑菊捏片胸针的制作方法

◆ 材料和用量

花瓣用绉布（A色）20cm×15cm（含底座、加固布），
（B色）15cm×10cm；泡沫球直径2.5cm1个；串珠直径
0.4cm7颗；别针长度3cm1个；透明线、厚纸板各适量

成品直径5cm

大花瓣
外层（A色12片）
2.5
2.5

大花瓣
内层（B色12片）
小花瓣
外层（A色12片）
2
2

底座用绉布
（A色1片）
5.5

加固布
（A色1片）
3
3

小花瓣
内层（B色12片）
1.5
1.5

底座用厚纸板
（1片）
2.5

※裁剪时均无须预
留涂胶部分。

❀ 制作底座、花瓣

1

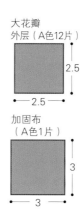

参照p.56制作不带铁丝的半球底
座。参照p.59使用大、小花瓣用
绉布制作内层为B色的双层剑菊
捏片各12片。

❀ 制作花朵

2

珠针
5 1 9
6   10
3   4
7   11
8 2 12
小花瓣
大花瓣

在底座中心插上珠针，以珠针为
圆心画直径0.8cm的圆。沿着画
的圆按序号顺序粘贴小花瓣，然
后在小花瓣之间插入大花瓣粘好。

3

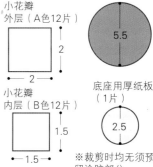

串珠6颗

参照p.7将6颗串珠串成环形，粘
在步骤2中做好的花的中心。然
后在环形中心再粘1颗串珠。

❀ 制作加固布

4

涂抹白胶
折过来
加固
布
（背面）

在加固布背面的上下两边涂上白
胶，然后将两边折向中间粘好。

5

折过来
白胶

改变步骤4中加固布的方向，在
上下两边0.5cm处涂上白胶，再
折向中间粘好。

❀ 组合在别针上

6

白胶
花瓣4片

在别针上涂上白胶，粘在步骤3
中的成品背面，使其横跨4片花
瓣的宽度。

7

白胶
粘贴

在加固布上涂上白胶，粘到别针
上。

8

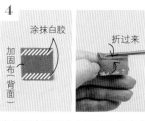

完成。

- 布料、厚纸板裁剪时均无须预留缝份或涂胶部分。
- 成品尺寸与图标示的尺寸可能存在误差。
- 主要的花瓣和底座的制作方法请参照以下页面。

作品的制作方法

p.11 ✳ 三花发夹

◆ **材料和用量**

花瓣用绉布（浅色）15cm×10cm，（淡色）25cm×15cm（含底座）；泡沫球直径2.5cm、直径2cm各1个；珍珠串珠直径0.3cm14颗，直径0.4cm9颗；圆形切面串珠直径0.8cm2颗；金属链长度11cm1根；大头针长度3cm2根；C形开口圈外径0.38cm×0.58cm1个；发夹长度7cm1个；花艺铁丝（白色）#24长度18cm 3根；透明线、缝纫线30号（白色）、花艺胶带（黑色）、厚纸板各适量

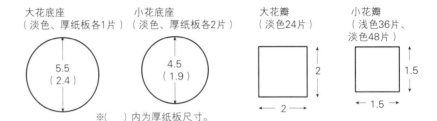

大花底座
（淡色、厚纸板各1片）
5.5
（2.4）

小花底座
（淡色、厚纸板各2片）
4.5
（1.9）

※（ ）内为厚纸板尺寸。

大花瓣
（淡色24片）
2
2

小花瓣
（浅色36片、淡色48片）
1.5
1.5

◆ **制作顺序**

① 制作带铁丝的半球底座。
② 制作花朵，粘到底座上。
③ 用珍珠串珠制作花蕊，粘在花的中心。制作大花1朵、小花2朵。
④ 将3朵花组合到一起。
⑤ 制作挂饰，穿到步骤4的花的铁丝上。
⑥ 将步骤5中的成品组合在发夹上。

◆ **花的制作方法**

第2层
大花瓣（淡色）
（小花用小花瓣）

第1层
小花瓣
（浅色）

第3层
大花瓣（淡色）
（小花用小花瓣）

画圆

大4.5
小3.5

直径0.4cm珍珠串珠
（小花用直径0.3cm珍珠串珠）

参照p.56制作带铁丝的半球底座。
参照p.59使用花瓣用绉布制作剑菊捏片。
参照p.80步骤2在大花底座上画直径0.8cm的圆，再在小花底座上画直径0.4cm的圆，然后粘上剑菊捏片。
参照p.7、p.62步骤6用珍珠串珠制作花蕊，粘在花的中心。

◆ **挂饰的制作方法**

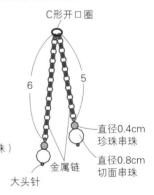

C形开口圈

6 5

直径0.4cm
珍珠串珠

直径0.8cm
切面串珠

金属链

大头针

金属链按指定长度剪成2段，参照p.7与串珠连接到一起，然后用C形开口圈连接2根金属链。

◆ **组合方法**

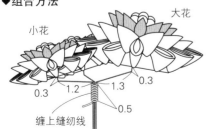

小花
大花

0.3
0.3
1.2
1.3
0.5

缠上缝纫线

参照p.74步骤10~12以及p.75步骤14~17在指定的位置折弯铁丝，将3根铁丝聚成一束缠上缝纫线。

缠上花艺胶带

将挂饰穿在花的铁丝上。
参照p.63"三朵花以上的情况"，将花组合在发夹上。

7
小花
大花
小花

◆材料和用量

A 花瓣用绉布（粉色）15cm×15cm，（浅粉色）20cm×15cm（含底座、挂饰）；叶子用绉布（淡薄荷绿色）5cm×5cm；水钻直径0.38cm1颗，直径0.3cm 6颗；花火形金属花蕊底座（金色）直径1.3cm8个，直径1cm7个；小铃铛（金色）直径0.8cm3个；玉线（粉色）长度15cm3根；花艺铁丝#24长度18cm10根

B 花瓣用绉布（浅粉色、粉色）各15cm×15cm（含底座）；叶子用绉布（淡薄荷绿色）5cm×5cm；银色12吊片流苏 1个；水钻直径0.38cm3颗；花火形金属花蕊底座（金色）直径1.3cm 6个，直径1cm 3个；花艺铁丝#24长度18cm 3根

通用 双股发簪长度9cm各1支；捆扎线（绿色）、花艺胶带（黑色）、厚纸板各适量

◆制作顺序

① 制作带铁丝的平面底座。

② 制作花朵和叶子。

③ 将花朵和叶子粘到底座上。

④ 用金属花蕊底座和水钻制作花蕊，粘在花的中心。

⑤ 按照步骤1~4，A做大花1朵、小花6朵，B做大花3朵。在大花上粘上叶子。

⑥ 将花的铁丝缠线组合到一起。

⑦ 制作爪钩，与A花束缠线组合在一起。

⑧ B花束加入银色吊片流苏。

⑨ 将步骤7、8中的成品分别组合在发簪上。

⑩ 制作A的挂饰，挂到爪钩上。

A底座（浅粉色、厚纸板各1片）
B底座（浅粉色、厚纸板各3片）

2.5
（1.6）

A底座（浅粉色、厚纸板各6片）

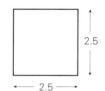

2
（1.4）

A大花瓣（粉色、浅粉色各5片）
B花瓣（粉色、浅粉各15片）

2.5

2.5

A小花瓣（粉色、浅粉色各30片）
A挂饰（浅粉色18片）
A、B叶子（淡薄荷绿色各1片）

2

2

※（ ）内为厚纸板尺寸。

◆花的制作方法

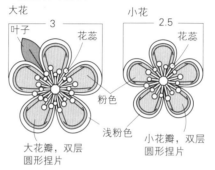

大花
3
叶子
花蕊
大花瓣，双层圆形捏片
浅粉色
粉色

小花
2.5
花蕊
小花瓣，双层圆形捏片

参照p.56制作带铁丝的平面底座。
参照p.57使用花瓣用绉布制作双层圆形捏片。
参照p.60使用叶子用绉布制作翻折剑菊捏片。
参照p.68步骤2、3将花瓣粘到底座上，再粘上花蕊。
A做大花1朵，小花6朵，B做大花3朵。
在大花上粘上叶子。

◆花蕊的制作方法

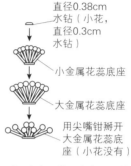

直径0.38cm水钻（小花，直径0.3cm水钻）
小金属花蕊底座
大金属花蕊底座
用尖嘴钳掰开大金属花蕊底座（小花没有）

将3个金属花蕊底座叠放着粘在一起，再在中心粘上水钻。小花只需要2个金属花蕊底座。

◆挂饰的制作方法

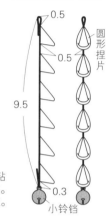

0.5
0.5
9.5
0.3
圆形捏片
小铃铛

参照p.57使用挂饰用绉布制作18片圆形捏片。
参照p.75步骤25、p.65步骤23，以及p.62步骤11、12制作挂饰3根。

◆A的组合方法

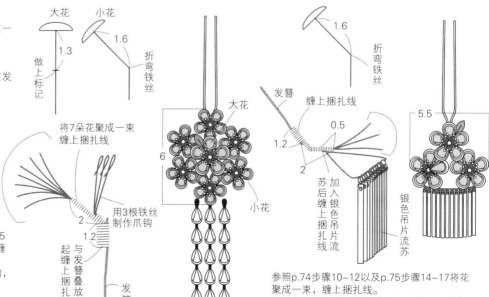

大花
小花
1.3
1.6
做上标记
折弯铁丝

将7朵花聚成一束缠上捆扎线

用3根铁丝制作爪钩

2
1.2

与发簪叠放到一起缠上捆扎线

发簪

大花
6
小花

参照p.74步骤10~12以及p.75步骤14~17将花聚成一束，缠上捆扎线。
参照p.75步骤19~23制作爪钩，再和花聚成一束缠上捆扎线。
参照p.75步骤24组合在发簪上。
参照p.75步骤26、27在爪钩上挂上挂饰，调整花的朝向。

◆B的组合方法

大花
1.6
折弯铁丝

发簪
缠上捆扎线
0.5
1.2
2
加入银色吊片流苏后缠上捆扎线

5.5
银色吊片流苏

参照p.74步骤10~12以及p.75步骤14~17将花聚成一束，缠上捆扎线。
将银色吊片流苏跟花聚成一束，缠上捆扎线。
参照p.75步骤24组合在发簪上。
调整花的朝向。

p.12 ✳ 蝴蝶发梳

◆材料和用量

翅膀用绉布（较深色、较浅色）各5cm×10cm（含底座）；水钻直径0.3cm1颗；5齿发梳1个；花艺铁丝（白色）#24长度18cm2根；银线铁丝5cm1根；25号绣线、花艺胶带（黑色）、厚纸板各适量

◆制作顺序

① 制作带铁丝的平面底座。
② 制作翅膀，粘到底座上。
③ 制作腹部、触角，粘到翅膀上。
④ 在翅膀上粘上水钻。
⑤ 将步骤4中做好的蝴蝶组合在发梳上。

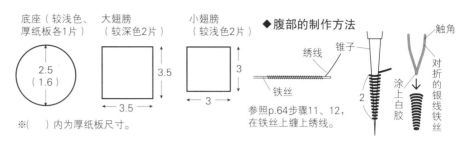

底座（较浅色、厚纸板各1片）
2.5
(1.6)

大翅膀（较深色2片）
3.5
3.5

小翅膀（较浅色2片）
3
3

※（ ）内为厚纸板尺寸。

◆腹部的制作方法

触角
绣线 锥子
铁丝
涂上白胶
对折的银线铁丝

参照p.64步骤11、12，在铁丝上缠上绣线。

将裹线铁丝如图所示在锥子上缠绕制作出腹部。
将银线铁丝对折，然后在对折处涂上白胶插进腹部。

◆蝴蝶的制作方法

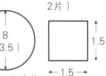

4
较深色
较浅色
水钻

参照p.56制作带铁丝的平面底座。
参照p.58使用翅膀用绉布制作翻折圆形捏片，粘到底座上。

◆组合方法

（侧面）
缠上花艺胶带
1
0.5
蝶朝向正面
弯曲铁丝，使蝴蝶朝向正面

参照p.66、p.67的步骤12～15、步骤22～24将蝴蝶组合在发梳上。调整蝴蝶的朝向。

---

p.28 ✳ 变形剑菊发夹

◆材料和用量

花瓣用绉布（含挂饰），（A色）30cm×25cm（含底座），（B色）15cm×10cm，（C色）15cm×15cm；泡沫球直径3.5cm1个；串珠直径0.4cm7颗，直径0.8cm2颗；玉线长度30cm1根；大头针长度3cm2根；三环挂饰条宽度1.8cm1个；圆形开口圈直径0.4cm1个；C形开口圈外径0.38cm×0.58cm1个；发夹长度7cm1个；花艺铁丝（白色）#22长度18cm1根；透明线、花艺胶带（黑色）、厚纸板各适量

◆制作顺序

① 制作带铁丝的半球底座。
② 制作花瓣，粘到底座上。
③ 用串珠制作花蕊，粘在花的中心。
④ 将步骤3中的花组合在发夹上。
⑤ 制作挂饰，挂到步骤4的成品上。

底座（A色、厚纸板各1片）
8
(3.5)

※（ ）内为厚纸板尺寸。

上层花瓣（内层B色2片）
1.5
1.5

上层花瓣（A色8片、外层C色2片）
中层花瓣（内层B色4片）
小挂饰（A色8片）
2
2

中层花瓣（A色16片、外层C色4片）
下层花瓣（内层B色6片）
大挂饰（内层B色4片）
2.5
2.5

下层花瓣（A色14片、外层C色6片）
大挂饰（A色、外层C色各4片）
3
3

◆花的制作方法

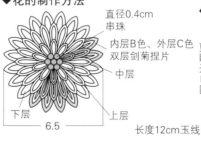

直径0.4cm串珠
内层B色、外层C色双层剑菊捏片
中层
下层
上层
6.5

参照p.56制作带铁丝的半球底座。
参照p.59使用花瓣用绉布制作剑菊捏片和双层剑菊捏片。
参照p.80步骤2在底座上粘贴第1层花瓣。
参照p.64步骤5、8～10粘贴中层、下层花瓣。
参照p.7、p.62步骤6用串珠制作花蕊，粘在花的中心。

◆挂饰的制作方法

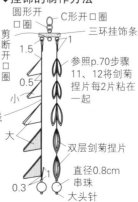

圆形开口圈
C形开口圈
三环挂饰条
剪断开口圈
1
1.5
0.5
小
大
0.3
长度12cm玉线
双层剑菊捏片
直径0.8cm串珠
大头针

参照p.70步骤11、12将剑菊捏片每2片粘在一起

参照p.59使用挂饰用绉布制作剑菊捏片和双层剑菊捏片。
参照p.65步骤23～26制作挂饰。

◆组合方法

缠上花艺胶带

参照p.63步骤13、14以及步骤16～19将花组合在发夹上，再挂上挂饰。

83

p.14 ✳ 小梅发卡

◆ 材料和用量

花瓣用绉布（A色）5cm×5cm，（B色）10cm×10cm（含底座）；串珠直径0.6cm 1颗；托盘发卡1个；厚纸板各适量

◆ 制作顺序

① 制作平面底座。
② 制作花瓣，粘到底座上。
③ 将串珠粘在花的中心。
④ 将步骤3中的成品粘在发卡的托盘上。

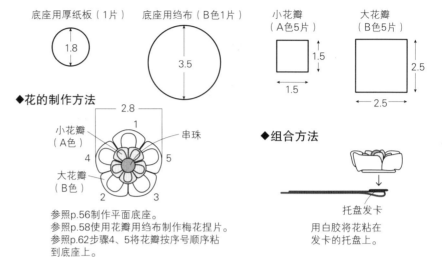

底座用厚纸板（1片）
1.8

底座用绉布（B色1片）
3.5

小花瓣（A色5片）
1.5
1.5

大花瓣（B色5片）
2.5
2.5

◆ 花的制作方法

2.8
1
小花瓣（A色）
串珠
4
5
大花瓣（B色）
2 3

参照p.56制作平面底座。
参照p.58使用花瓣用绉布制作梅花捏片。
参照p.62步骤4、5将花瓣按序号顺序粘到底座上。
在花的中心粘上串珠。

◆ 组合方法

托盘发卡

用白胶将花粘在发卡的托盘上。

p.16 ✳ 蝶恋花发簪

◆ 材料和用量

花瓣用绉布（A色）20cm×15cm（含底座）；蝴蝶用绉布（B色）5cm×5cm（含底座）；泡沫球直径2.5cm1个；珍珠串珠直径0.2cm（白色）2颗、（b色）3颗，直径0.3cm（a色）7颗；带环U形簪长度7.5cm1支；花艺铁丝（白色）#24长度18cm、长度5cm各1根；花艺胶带（黑色）、厚纸板各适量

◆ 制作顺序

① 制作花用带铁丝的半球底座和蝴蝶用平面底座。
② 制作花用剑菊捏片。
③ 将花瓣粘到底座上。
④ 用珍珠串珠制作花蕊，粘在花的中心。
⑤ 制作圆形捏片作为蝴蝶翅膀，再用珍珠串珠制作蝴蝶腹部和触角。
⑥ 将蝴蝶翅膀、触角、腹部粘到底座上。
⑦ 将花组合在U形簪上。
⑧ 将蝴蝶粘到花上。

蝴蝶底座（B色、厚纸板各1片）
1.2（0.7）

花底座（A色、厚纸板各1片）
5.5（2.4）

※（ ）内为厚纸板尺寸。

大花瓣（A色24片）
2
2

小花瓣（A色12片）蝴蝶（B色4片）
1.5
1.5

◆ 蝴蝶的制作方法

B色圆形捏片
1
1.8

腹部
（b色）珍珠串珠
长度2cm铁丝
剪掉多余部分

（白色）触角
直径0.2cm珍珠串珠
对折长度3cm铁丝
上在珍铁丝珠串上珠穿
1.5

参照p.56制作平面底座。
参照p.57使用蝴蝶用绉布制作圆形捏片，粘到底座上。
用珍珠串珠制作蝴蝶触角和腹部并粘好。

◆ 花的制作方法

大花瓣
小花瓣
直径0.3cm珍珠串珠

参照p.56制作带铁丝的半球底座。
参照p.59使用花瓣用绉布制作剑菊捏片。
参照p.80步骤2将花瓣粘到底座上。
参照p.7、p.62步骤6用珍珠串珠制作花蕊，粘在花的中心。

◆ 组合方法

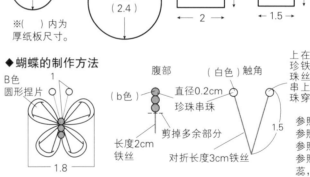

缠上花艺胶带
将蝴蝶粘到花上
发簪
0.3
1.2

背面
花艺胶带

参照p.65步骤17~22将花组合在U形簪上。

4.5

◆ 材料和用量

花瓣用绉布（A色、B色、C色、E色）各15cm×10cm（含底座），（D色、F色、G色、H色）各10cm×10cm（含底座）；珍珠串珠直径0.4cm（紫红色）12颗，直径0.3cm（紫色、蓝紫色、粉色）各7颗；20齿发梳1个；花艺铁丝（白色）#26长度36cm1根，#24长度18cm9根；缝纫线30号（白色）、花艺胶带（黑色）、厚纸板各适量

◆ 制作顺序

① 制作带铁丝的平面底座。
② 制作大花、中花所需的双层剑菊捏片和小花所需的剑菊捏片，粘到底座上。
③ 用珍珠串珠制作花蕊，粘在花的中心。
④ 制作大花1朵、中花3朵、小花5朵。
⑤ 将大、中、小花组合到一起。
⑥ 将步骤5中做好的花束组合在发梳上。
⑦ 调整花使其朝向正面。

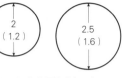

小花底座（A~E色各1片，厚纸板5片）
2（1.2）

中花底座（C色、E色、G色各1片，厚纸板3片）
2.5（1.6）

大花底座（A色、厚纸板各1片）
3（1.8）

※( ) 内为厚纸板尺寸。

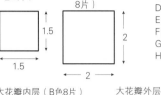

小花瓣（A~E色各8片）
1.5 / 1.5

中花瓣内层（D色、F色、H色各8片）
2 / 2

A色 = 浅粉色
B色 = 玫瑰粉色
C色 = 淡紫色
D色 = 紫藤色
E色 = 浅蓝紫色
F色 = 蓝紫色
G色 = 淡粉色
H色 = 粉色

大花瓣内层（B色8片）中花瓣外层（C色、E色、G色各8片）
2.5 / 2.5

大花瓣外层（A色8片）
3 / 3

◆ 花的制作方法

大花（外A色+内B色）
中花
① 外C色+内D色
② 外E色+内F色
③ 外G色+内H色

直径0.4cm珍珠串珠（中花，直径0.3cm珍珠串珠）

大花4
中花3.5

参照p.56制作带铁丝的平面底座。
参照p.59使用花瓣用绉布制作双层剑菊捏片。
参照p.66步骤2将花瓣按序号顺序粘到底座上。
参照p.7、p.62步骤6用珍珠串珠制作花蕊，粘在花的中心。

小花（A~E色）
直径0.4cm珍珠串珠
2

参照p.59使用花瓣用绉布制作剑菊捏片，其他跟大花做法相同。

◆ 组合方法

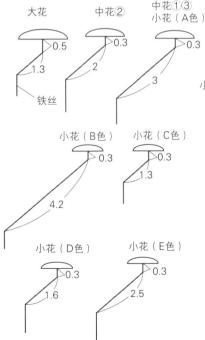

大花 0.5 / 1.3 / 铁丝
中花② 0.3 / 2
中花①③ 小花（A色）0.3 / 3
小花（B色）0.3 / 4.2
小花（C色）0.3 / 1.3
小花（D色）0.3 / 1.6
小花（E色）0.3 / 2.5

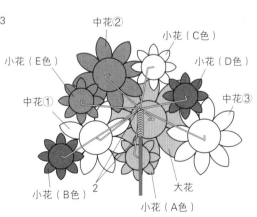

中花②
小花（C色）
小花（E色）
小花（D色）
中花①
中花③
小花（B色）
大花
小花（A色）
2

参照p.68步骤4~11折弯铁丝，将9根铁丝聚成一束缠上缝纫线。

缠上花艺胶带

参照p.68、p.69步骤11~15，将花束组合在发梳上，调整花使其朝向正面。

10

◆ 材料和用量

A戒枕 花瓣、叶子用绉布（白色）30cm×30cm（含底座），（淡柠檬黄色、淡黄绿色）各15cm×10cm，（浅黄绿色）10cm×5cm；珍珠串珠（白色）直径0.6cm 2颗；花艺铁丝（白色）#24长度5cm 2根；戒枕15.5cm×16.5cm1个；宽度3.5cm蕾丝（白色）、宽度1cm缎带（白色）各70cm；厚纸板适量

B纱帽 花瓣、叶子用绉布（象牙白色）35cm×30cm（含底座），（淡黄绿色）20cm×20cm，（浅苔绿色）15cm×15cm（含花萼），（苔绿色）10cm×10cm；花艺铁丝（白色）#24长度5cm8根；珍珠串珠（白色）直径0.5cm 6颗；帽子6cm×16cm1顶；捆扎线（绿色）；厚纸板各适量

C手套 花瓣、叶子用绉布（象牙白色）30cm×10cm（含底座、加固布），（淡黄绿色、浅苔绿色）各10cm×10cm，（苔绿色）10cm×5cm；别针长度2cm1个；宽度0.4cm缎带（白色）40cm；婚礼手套（白色）长度40cm 1副；缝纫线30号（白（象牙白色）色）；厚纸板各适量

◆ 制作顺序

A戒枕
① 在戒枕四周缝上蕾丝边和缎带。
② 制作平面底座、花瓣和花蕊。
③ 将花瓣和花蕊粘到底座上制作出蔷薇。
④ 制作小花、叶子。
⑤ 将步骤3、4中做好的蔷薇、小花和叶子粘到步骤1的戒枕上。

B纱帽
① 制作平面底座、花瓣和花蕊。
② 将花瓣和花蕊粘到底座上制作出蔷薇。
③ 制作小花、花蕾、叶子。
④ 将步骤2、3中做好的蔷薇、小花、花蕾、叶子粘到纱帽上。

C手套装饰
① 制作底座、花瓣和花蕊。
② 将花瓣和花蕊粘到底座上制作出蔷薇。
③ 制作叶子、飘带，粘到步骤2中做出的蔷薇上。
④ 将步骤3中的成品粘到组合底座上。
⑤ 将别针粘到组合底座的背面，并在别针上粘上加固布。

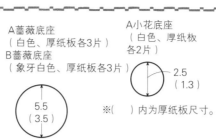

A蔷薇底座（白色、厚纸板各3片）
B蔷薇底座（象牙白色、厚纸板各3片）

5.5（3.5）

A小花底座（白色、厚纸板各2片）

2.5（1.3）

※（ ）内为厚纸板尺寸。

C蔷薇底座（象牙白色、厚纸板各3片）

3（2）

C组合底座（象牙白色、厚纸板各1片）

4（2.4）

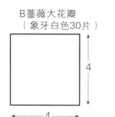

B蔷薇大花瓣（象牙白色30片）

4
4

A蔷薇大花瓣（白色30片）
B叶子（淡黄绿色4片）

3.5
3.5

A蔷薇中花瓣（白色15片）
B蔷薇小花瓣（淡黄绿色15片、浅苔绿色9片、苔绿色3片）

3
3

A蔷薇小花瓣（淡柠檬黄色15片、淡黄绿色9片、淡黄绿色3片）
B花蕾用花瓣（象牙白色4片）
B花蕾用花萼（浅苔绿色2片）

2.5
2.5

A小花花瓣（白色8片）
B小花花瓣（象牙白色18片）
C蔷薇大花瓣（象牙白色30片）
C加固布（象牙白色1片）
C叶子（浅苔绿色2片）

2
2

A叶子（淡黄绿色6片）
C蔷薇大花瓣（象牙白色30片）
C蔷薇小花瓣（淡黄绿色15片、浅苔绿色9片、苔绿色3片）

1.5
1.5

◆ 蔷薇的制作方法（通用）

※（ ）内为B、C的颜色。

淡柠檬黄色（淡黄绿色）
淡黄绿色（浅苔绿色）
白色
浅黄绿色（苔绿色）

B4.5（A4、C2.5）

参照p.56制作平面底座。
参照p.60、p.61使用花瓣用绉布制作对接捏片。
参照p.78、p.79步骤2~13制作蔷薇和花蕊，粘到底座上。

小花花瓣、A叶子翻折圆形捏片

B、C叶子（通用）翻折剑菊捏片

参照p.58制作小花花瓣和A叶子所需的翻折圆形捏片。
参照p.60制作B、C叶子所需的翻折剑菊捏片。

◆ 小花的制作方法（通用）

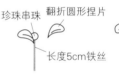

珍珠串珠
翻折圆形捏片
长度5cm铁丝
0.2
剪断

直径0.6cm 小花a
珍珠串珠
2.5

直径0.5cm 小花b
珍珠串珠
2

在铁丝前端粘上珍珠。
参照p.79步骤16、17在小花a铁丝上粘贴4片翻折圆形捏片，小花b铁丝上粘贴3片翻折圆形捏片，剪掉多余的铁丝。

◆ 戒枕的组合方法

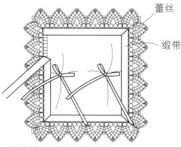

蕾丝
缎带

在戒枕四周缝上蕾丝边，在蕾丝边缘上缝缎带。

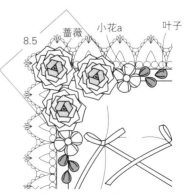

蔷薇
小花a
叶子
8.5

在蕾丝边上组合上蔷薇、小花、叶子。

◆ 花蕾的制作方法

圆头朝下　铁丝　粘在一起　前端折弯　缠上捆扎线　1　剪断

花萼　折痕　根据实物大小纸样剪出锯齿状花萼

参照p.70步骤6～10将翻折圆形捏片圆头朝下做成花蕾，用花萼用绉布和实物大小纸样做出花萼。

花萼　实物大小纸样

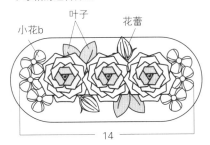

将蔷薇粘到纱帽上，在蔷薇之间粘贴叶子和花蕾。
将小花b的铁丝插进纱帽粘好。

◆ 纱帽的组合方法

小花b　叶子　花蕾

14

◆ 手套装饰的组合方法

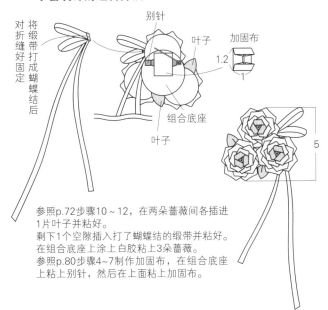

对折缝缝好固定　将缎带打成蝴蝶结后　别针　叶子　加固布　1.2　1　组合底座　叶子

5

参照p.72步骤10～12，在两朵蔷薇间各插进1片叶子并粘好。
剩下1个空隙插入打了蝴蝶结的缎带并粘好。
在组合底座上涂上白胶粘上3朵蔷薇。
参照p.80步骤4～7制作加固布，在组合底座上粘上别针，然后在上面粘上加固布。

p.18 ✳ 粉色花束发夹

◆ 材料和用量

花瓣用绉布（淡珊瑚粉色）25cm×25cm（含底座）；叶子用绉布（浅薄荷绿色）10cm×10cm；泡沫球直径3cm1个；珍珠串珠（薄荷绿色）直径0.3cm35颗，直径0.4cm7颗，（橘色）直径1cm2颗；大头针长度3cm2根；金属链长度14cm1根；圆形开口圈直径0.6cm1个；发夹长度7cm1个；花艺铁丝（白色）#24长度18cm6根；缝纫线30号（白色）、透明线、花艺胶带（黑色）、厚纸板各适量

◆ 制作顺序

① 制作大花用的带铁丝的半球底座、小花用的带铁丝的平面底座。
② 制作花瓣，粘到底座上。
③ 用串珠制作花蕊，粘在花的中心。
④ 将花聚成一束缠上缝纫线。
⑤ 制作叶子，粘到小花上。
⑥ 制作挂饰，挂到步骤5中花束的铁丝上。
⑦ 将步骤6中的花束组合在发夹上。

小花底座（淡珊瑚粉色、厚纸板各5片）
3（1.8）

大花底座（淡珊瑚粉色、厚纸板各1片）
6（2.8）

※（　）内为厚纸板尺寸。

小花瓣（淡珊瑚粉色12片）
1.5　1.5

中花瓣（淡珊瑚粉色52片）叶子（浅薄荷绿色5片）
2　2

大花瓣（淡珊瑚粉色12片）
2.5　2.5

◆ 大花的制作方法

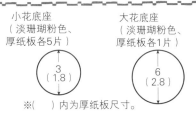

大花瓣　直径0.4cm珍珠串珠　中花瓣　小花瓣　5

参照p.56制作带铁丝的半球底座。
参照p.57使用花瓣用绉布制作细圆捏片。
参照p.80步骤2将花瓣粘到底座上。
参照p.7、p.62步骤6用珍珠制作花蕊，粘在花的中心。

◆ 小花的制作方法

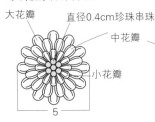

直径0.3cm珍珠串珠　将花扎成一束后粘上叶子　2.7　小花侧面　叶子（剑菊捏片）

参照p.56制作带铁丝的平面底座。
参照p.57使用花瓣用绉布制作细圆捏片。
参照p.66步骤2将花瓣粘到底座上。
参照p.7、p.62步骤6用串珠制作花蕊，粘在花的中心。

◆ 挂饰的制作方法

圆形开口圈

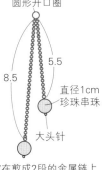

5.5　8.5　直径1cm珍珠串珠　大头针

参照p.7在剪成2段的金属链上连接上珍珠串珠，然后用圆形开口圈将2根金属链连接起来。

◆ 组合方法

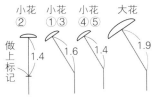

小花② 小花①③ 小花④⑤ 大花
做上标记　1.4　1.6　1.4　1.9

参照p.68步骤4～10将花聚成一束缠上缝纫线。

小花　大花　缠线至0.5cm长　圆形开口圈　缠上花艺胶带

将花束的铁丝穿过挂饰的圆形开口圈，参照p.63"三朵花以上的情况"将其组合在发夹上。

7.5　④②①　大花　⑤　③

p.20 ✳ 双层剑菊捏片扁簪

◆ **材料和用量**

花瓣用绉布（A色）10cm×15cm（含底座），（B色）15cm×10cm；泡沫球直径2.5cm1个；珍珠串珠直径0.3cm6颗，直径0.4cm1颗；扁平发簪长度17cm1支；透明线、厚纸板各适量

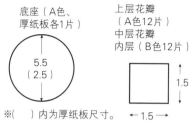

底座（A色、厚纸板各1片）

5.5
（2.5）

※（ ）内为厚纸板尺寸。

上层花瓣（A色12片）
中层花瓣内层（B色12片）

1.5
←1.5→

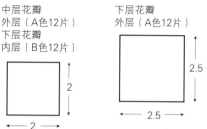

中层花瓣外层（A色12片）
下层花瓣内层（B色12片）

2
←2→

下层花瓣外层（A色12片）

2.5
←2.5→

◆ **制作顺序**

① 制作半球底座。
② 制作花瓣，粘到底座上。
③ 用珍珠串珠制作花蕊，粘在花的中心。
④ 将步骤3中做好的花粘到发簪上。

◆ **花的制作方法**

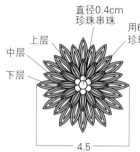

上层
中层
下层

直径0.4cm珍珠串珠
用6颗直径0.3cm的珍珠串珠穿成环形

4.5

参照p.56制作不带铁丝的半球底座。
参照p.59使用花瓣用绉布制作剑菊捏片、双层剑菊捏片。
参照p.80步骤2将花瓣粘到底座上。
参照p.7、p62步骤6用珍珠串珠制作花蕊，粘在花的中心。

◆ **组合方法**

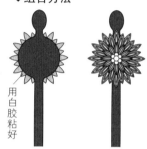

用白胶粘好

用白胶把花粘到发簪上。

---

p.23 ✳ 渐变色剑菊发簪

◆ **材料和用量**

花瓣用绉布（A色）10cm×5cm，（B色、C色）各10cm×10cm，（D色）20cm×15cm（含底座）；叶子用绉布（E色）10cm×10cm；泡沫球直径3cm1个；珍珠串珠直径0.3cm7颗；圆形切面串珠直径0.8cm2颗；算珠形串珠直径0.5cm2颗；金属链长度11cm1根；大头针长度3cm2根；C形开口圈外径0.38cm×0.58cm1个；带环U形簪长度7.8cm1支；花艺铁丝（白色）#24长度18cm、长度5cm各1根；25号绣线（绿色）、透明线、花艺胶带（黑色）、厚纸板各适量

底座（D色、厚纸板各1片）

7
（3）

※（ ）内为厚纸板尺寸。

第1层花瓣（A色8片）

1.5
←1.5→

第2层花瓣（B色16片）
第3层花瓣（C色16片）

2
←2→

第4层花瓣（D色16片）

2.5
←2.5→

叶子（E色4片）

3
←3→

◆ **制作顺序**

① 制作带铁丝的半球底座。
② 制作花朵和叶子并粘到底座上。
③ 用串珠制作花蕊，粘在花的中心。
④ 制作挂饰。
⑤ 将步骤3中做好的花组合在发簪上。
⑥ 将挂饰连接在步骤5中发簪的环上。

◆ **花的制作方法**

第1层
第2层
第3层
第4层

直径0.3cm珍珠串珠

5.5

参照p.56制作带铁丝的半球底座。
参照p.59使用花瓣用绉布制作剑菊捏片。
参照p.80步骤2将花瓣粘到底座上。
参照p.7、p62步骤6用珍珠串珠制作花蕊，粘在花的中心。

◆ **叶子的制作方法**

长度5cm铁丝

4

缠上绣线

0.5 0.5
0.3cm剪掉
重叠0.5cm
剪掉多余的铁丝

参照p.58制作叶子捏片并将其稍微重叠着粘到一起。
在铁丝上缠上绣线，粘到叶子背面。

◆ **挂饰的制作方法**

C形开口圈

6 5

直径0.5cm算珠形串珠
直径0.8cm切面串珠

大头针

参照p.7在剪成2段的金属链上连接上串珠。
用C形开口圈将2根金属链连接起来。

6

◆ **组合方法**

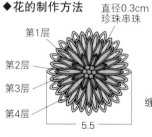

缠上花艺胶带
发簪

0.5
0.5

叶子

将叶子插进第4层花瓣之间，并与第3层花瓣呈一条纵线排列粘好。
参照p.65步骤17~22将其组合在发簪上。
参照p.7将挂饰连接在发簪的环上。

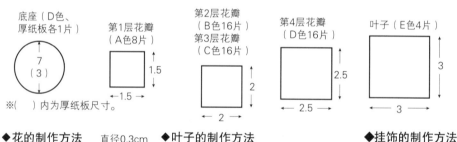

p.24 ＊ 四色渐变发簪

◆ **材料和用量**

花瓣用绉布（A色、B色、D色）各10cm×10cm，（C色）15cm×10cm（含底座）；泡沫球直径2.5cm1个；珍珠串珠直径0.4cm7颗；圆形切面串珠直径0.8cm 2颗；金属链长度7.5cm1根；大头针长度3cm2根；C形开口圈外径0.38cm×0.58cm1个；带环U形簪长度7.8cm1支；花艺铁丝（白色）#24长度18cm1根；透明线、花艺胶带（黑色）、厚纸板各适量

◆ **制作顺序**

① 制作带铁丝的半球底座。
② 制作花瓣，粘到底座上。
③ 用串珠制作花蕊，粘在花的中心。
④ 制作挂饰。
⑤ 将步骤3中做好的花组合在发簪上。
⑥ 将挂饰连接在步骤5中发簪的环上。

底座（C色、厚纸板各1片）
5.5（2.5）
※（ ）内为厚纸板尺寸。

花瓣（A色、B色、C色、D色各9片）
2 × 2

◆ **挂饰的制作方法**

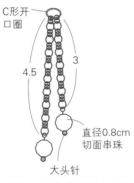
C形开口圈
4.5　3
直径0.8cm切面串珠
大头针

参照p.7在剪成2段的金属链上连接上串珠，再用C形开口圈将2根金属链连接起来。

◆ **组合方法**

0.5
0.5
缠上花艺胶带
发簪

参照p.65步骤17~22将花组合在发簪上。
参照p.7将挂饰连接在发簪的环上。

◆ **花的制作方法**

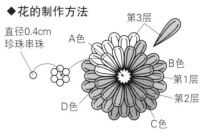
第3层
直径0.4cm珍珠串珠
A色
B色
第1层
D色
第2层
C色

参照p.56制作带铁丝的半球底座。
参照p.57使用花瓣用绉布制作细圆捏片。
参照p.80步骤2在底座上粘上花瓣。
参照p.7、p.62步骤6用珍珠串珠制作花蕊，粘在花的中心。

4.5

---

p.25 ＊ 花盒

◆ **材料和用量**

花瓣用绉布（A色、B色、C色）各10cm×10cm，（D色、E色、F色）各15cm×15cm（含底座），（G色、H色、I色）各10cm×5cm；叶子用绉布（J色）10cm×10cm，（K色）10cm×5cm；泡沫球直径2.5cm2个；珍珠串珠直径0.3cm（3色）各7颗，直径0.5cm（白色）6颗；花艺铁丝（白色）#24长度5cm9根；圆形盒子直径9cm，高度3.8cm；透明线、厚纸板、填充纸各适量

◆ **制作顺序**

① 制作大花用的带铁丝的半球底座。
② 制作大花花瓣，粘到底座上。
③ 用珍珠串珠制作花蕊，粘在大花的中心。
④ 制作小花、叶子。
⑤ 将花和叶子按顺序放进塞了填充纸的盒子里。

底座（D色、E色、F色各1片，厚纸板3片）
5.5（2.5）
※（ ）内为厚纸板尺寸。

大花用小花瓣（A色、B色、C色各12片）
1.5 × 1.5

大花用大花瓣（D色、E色、F色各24片）
小花用花瓣（G色、H色、I色各8片）
2 × 2

叶子（J色6片、K色3片）
2.5 × 2.5

◆ **花的制作方法**

大花
小花瓣剑菊捏片
大花瓣
4.5
直径0.3cm珍珠串珠

参照p.56制作带铁丝的半球底座。
参照p.59制作大花所需的剑菊捏片。
参照p.80步骤2将花瓣粘到底座上。
参照p.7、p.62步骤6用珍珠串珠制作花蕊，粘在花的中心。
共制作3朵大花。

小花
直径0.5cm珍珠串珠

长度5cm铁丝
G色、H色、I色翻折圆形捏片

翻折圆形捏片

2.3

叶子
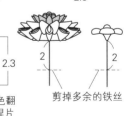
J色、K色翻折剑菊捏片
2.3

2
2
剪掉多余的铁丝

参照p.58制作小花所需的翻折圆形捏片。
参照p.79步骤16、17将花瓣粘到穿有串珠的铁丝上。
参照p.60制作叶子所需的翻折剑菊捏片。

在盒中铺上1/3高度的填充纸，将部件按大花、小花、叶子的顺序放入。

◆ **材料和用量**

花瓣用绉布（红色）15cm×15cm，（藏青色）10cm×10cm，（金茶色）20cm×20cm（含底座）；串珠直径0.4cm（银色）7颗、（朱红色）2颗，直径0.3cm（珍珠海蓝色）21颗；花火形金属花蕊底座直径1.3cm2个；15齿发梳1个；花艺铁丝（白色）#24长度18cm6根，#26长度36cm1根；流苏长度8.5cm（红色）1个；缝纫线30号（白色）、透明线、花艺胶带（黑色）、厚纸板各适量

花A大底座（金茶色、厚纸板各1片）
3.5（2.6）

花A小底座（金茶色、厚纸板各1片）
3（2.2）

花A下层b花瓣内层（藏青色6片）
花C花瓣（红色、金茶色各12片）
1.5 ← 1.5 →

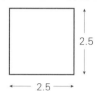

花A下层b花瓣外层（金茶色6片）
花B花瓣（红色、金茶色各18片）
2
← 2 →

花A上层花瓣（红色、金茶色各6片）
花A下层a花瓣（金茶色、藏青色各6片）
2.5
← 2.5 →

花C底座（金茶色、厚纸板各2片）
2.5（1.6）

花B底座（金茶色、厚纸板各3片）
3（1.8）

※（ ）内为厚纸板尺寸。

◆ **制作顺序**

① 花A将带铁丝的大平面底座和小平面底座叠粘在一起。
② 花B、花C制作带铁丝的平面底座。
③ 制作花瓣，粘到底座上。
④ 用金属花蕊底座和串珠制作花蕊，粘在花的中心。
⑤ 将花A、花B、花C组合到一起。
⑥ 将步骤5中做好的花束组合在发梳上。
⑦ 装上流苏。

◆ **花的制作方法**

小平面底座
叠粘在一起
大平面底座
铁丝

参照p.56制作花A用的小平面底座和大的带铁丝的平面底座，将小底座叠粘在大底座之上；制作花B、花C用的带铁丝的平面底座。

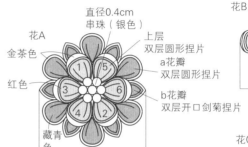

花A
金茶色
红色
藏青色
4.5
直径0.4cm串珠（银色）
上层双层圆形捏片
a花瓣双层圆形捏片
b花瓣双层开口剑菊捏片

花B
直径0.3cm串珠
金茶色
红色
2.8

花C
直径0.4cm串珠（朱红色）
金属花蕊底座
金茶色
红色
2

使用花瓣用绉布参照p.57制作双层圆形捏片，参照p.60制作双层开口剑菊捏片。
花A按序号顺序将上层花瓣粘到小底座上，在上层花瓣之间插入下层a花瓣并粘在大底座上，卡在上层花瓣两边粘贴下层b花瓣。
参照p.7、p.62步骤6用串珠制作花蕊，粘在花A的中心。
花B按照花A上层的做法制作花和花蕊。
花C按照花B的做法制作花，再在金属花蕊底座上粘上1颗串珠作为花蕊。

◆ **组合方法**

花A
0.5
2

花B（2朵）
0.3
1.5

花B'
0.3
2.8

花C
0.3
2.5

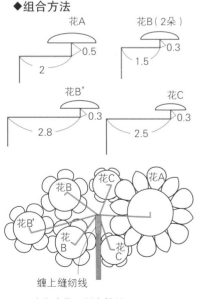

花C
花A
花B
花C
花B'
花B
花C

缠上缝纫线

在指定位置折弯铁丝。
参照p.68步骤4~10将6根铁丝聚成一束缠上缝纫线。

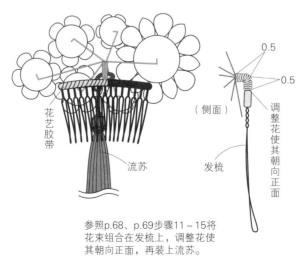

花艺胶带
流苏

参照p.68、p.69步骤11~15将花束组合在发梳上，调整花使其朝向正面，再装上流苏。

8.5
0.5
0.5
（侧面）
发梳
调整花使其朝向正面

◆ 材料和用量

花瓣用绉布（粉色）20cm×20cm（含底座、挂饰），（浅薄荷绿色）15cm×10cm（含挂饰），（淡粉色）15cm×15cm，（玫红色）10cm×10cm；水滴形串珠0.7cm×1cm 2颗；玉线长度30cm 1根；大头针长度3cm2根；定位珠直径0.3cm1颗；细头花蕊18根；发夹长度7cm1个；花艺铁丝（白色）#24长度18cm3根；缝纫线30号（白色）、花艺胶带（黑色）、厚纸板各适量

※花朵用绉布3种颜色的情况：（玫红色）20cm×20cm（含底座、挂饰），（黑色）20cm×15cm（含挂饰），（粉色）15cm×10cm。

◆ 制作顺序

① 制作带铁丝的平面底座。
② 制作花瓣，将大花瓣粘到底座上，再将小花瓣粘到大花瓣里面。
③ 用细头花蕊制作花蕊，粘在花的中心。
④ 制作3朵花，将其组合到一起。
⑤ 制作挂饰，挂在步骤4中的铁丝上。
⑥ 将步骤5中的成品组合在发夹上。

底座（粉色、厚纸板各3片）

小花瓣（玫红色12片、浅薄荷绿色3片）
1.5 × 1.5

挂饰（粉色9片、浅薄荷绿色2片）
2.5 × 2.5

大花瓣
外层（粉色12片、浅薄荷绿色3片）
内层（淡粉色15片）
3 × 3

5（2.6）

※（ ）内为厚纸板尺寸。

◆ 花的制作方法

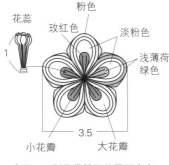
花蕊　粉色　玫红色　淡粉色　浅薄荷绿色　小花瓣　大花瓣　3.5

参照p.56制作带铁丝的平面底座。
参照p.57、p58使用花瓣用绉布制作细圆捏片及双层梅花捏片各5片。
参照p.74步骤2将花瓣粘到底座上。
参照p.70步骤3、4用6根细头花蕊制作花蕊，粘在花的中心。

◆ 组合方法

0.3　1.5　1.8　2

缠上缝纫线

参照p.68步骤4~10在指定的位置折弯铁丝，将3根铁丝聚成一束缠上缝纫线，再将挂饰挂在铁丝上。
参照p.63"三朵花以上的情况"将花束组合在发夹上。

◆ 挂饰的制作方法

圆形捏片　0.5　1　0.5　粉色　浅薄荷绿色　双层圆形捏片　9.5　8　粉色　0.7cm×1cm 水滴形串珠　大头针

参照p.57使用挂饰用绉布制作7片圆形捏片、2片双层圆形捏片。
参照p.62步骤7~12制作挂饰。

7

---

p.13 ✳ 花朵发夹

◆ 材料和用量

花朵用绉布（较深色）10cm×10cm（含底座），（较浅色）5cm×10cm；珍珠串珠直径0.4cm3颗；金属花蕊底座（古铜色）直径0.7cm2个，直径0.9cm1个；托盘发夹长度6cm1个；厚纸板适量

◆ 制作顺序

① 制作平面底座。
② 制作花瓣，粘到底座上。制作花A1朵、花B2朵。
③ 用金属花蕊底座和珍珠串珠制作花蕊，粘在花的中心。
④ 将花粘到发夹上。

底座（较深色、厚纸板各3片）
花瓣（较深色20片、较浅色8片）

2（1.5）
1.5 × 1.5

※（ ）内为厚纸板尺寸。

◆ 组合方法

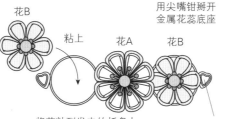
花B　粘上　花A　花B　托盘发夹

将花粘到发夹的托盘上。

◆ 花的制作方法

花A　双层圆形捏片　直径0.9cm金属花蕊底座　1　7　6　4　2　8

花B　圆形捏片　较深色　直径0.7cm金属花蕊底座　直径0.4cm珍珠串珠　1.8　2

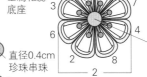
花蕊　直径0.4cm珍珠串珠　用尖嘴钳掰开金属花蕊底座

参照p.56制作平面底座。
参照p.57制作花A所需的双层圆形捏片，将花瓣按序号顺序粘到底座上。
参照p.57制作花B所需的圆形捏片，然后按照花A的做法制作花B。
参照p.68步骤3在花的中心粘好金属花蕊底座和珍珠串珠。

5

p.29 ✳ 彩色蘑菇U形簪

◆材料和用量

花瓣用绉布（A色）15cm×15cm（含底座），（B色）10cm×5cm，（C色）5cm×5cm；泡沫球直径2cm1个；串珠直径0.4cm2颗，直径0.6cm1颗；花火形金属花蕊底座直径1.3cm1个；单孔金属圆牌直径0.8cm2个；两环挂饰条宽度0.8cm1个；圆形开口圈直径0.35cm4个；9字针长度3cm2根；U形簪长度7cm1支；金属链长度12cm1根；花艺铁丝（白色）#24长度18cm1根；花艺胶带（黑色）、厚纸板各适量

◆制作顺序

① 制作带铁丝的半球底座。
② 制作花瓣，粘到底座上。
③ 用金属花蕊底座和串珠制作花蕊，粘在花的中心。
④ 制作挂饰，连接到步骤3的铁丝上。
⑤ 将步骤4中的成品组合在发簪上。

底座（A色、厚纸板各1片）
4.5
(2)

小花瓣（C色8片）
1
←1→

中花瓣（A色16片）
1.5
←1.5→

大花瓣（A色、B色各8片）
2
←2→

※（ ）内为厚纸板尺寸。

◆花的制作方法

大花瓣
小花瓣
中花瓣
细圆捏片
金属花蕊底座

下切剑菊捏片
粘贴
剪掉1/2宽度
直径0.6cm串珠

参照p.56制作带铁丝的半球底座。
参照p.57使用中花瓣用绉布制作细圆捏片，使用大花瓣用绉布制作双层圆形捏片；参照p.61制作小花瓣所需的下切剑菊捏片，并将小花瓣粘到大花瓣里面。
参照p.80步骤2将花瓣粘到底座上。
参照p.68步骤3在花的中心粘好金属花蕊底座和串珠。

◆组合方法

发簪
将挂饰穿到铁丝上。
参照p.65步骤17～22将花组合在U形簪上。折弯铁丝，使花朝向正面。
0.5
0.5

◆挂饰的制作方法

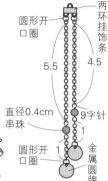
圆形开口圈
两环挂饰条
5.5
4.5
直径0.4cm串珠
9字针
圆形开口圈
1
金属圆牌

参照p.7在剪断的金属链上连接上串珠、金属圆牌，然后连接到挂饰条上。

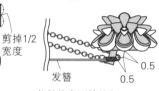
3.5

p.36 ✳ 风车发夹

◆材料和用量

花瓣用绉布（A色）20cm×15cm（含挂饰、底座），（B色）15cm×10cm（含挂饰），（C色）20cm×10cm；泡沫球直径2.5cm1个；珍珠串珠直径0.6cm2颗；玉线长度25cm1根；大头针长度3cm2根；定位珠直径0.3cm1颗；发夹长度7cm1个；花艺铁丝（白色）#24长度18cm1根；金线（或者银线）铁丝长度20cm1根；花艺胶带（黑色）、厚纸板各适量

※2种颜色的情况下，中层花瓣的外层和内层用同一种颜色。

◆制作顺序

① 制作带铁丝的半球底座。
② 制作花瓣，粘到底座上。
③ 将裹线铁丝粘到下层花瓣上。
④ 在花的中心粘上用裹线铁丝做的花蕊。
⑤ 制作挂饰，连接到步骤4中的铁丝上。
⑥ 将步骤5中的成品组合在发夹上。

底座（A色、厚纸板各1片）
6
(3)

上层花瓣内层（A色12片）
1.5
←1.5→

※（ ）内为厚纸板尺寸。

中层花瓣外层（C色12片）大挂饰（A色、B色各2片）
2.5
←2.5→

上层花瓣外层（C色12片）
中层花瓣内层（B色12片）
下层花瓣（A色12片）
小挂饰（A色5片）
2
←2→

◆花的制作方法

A色
B色 C色
下层
上层
花蕊
裹线铁丝
1.4
中层
画直径0.8cm的圆
粘贴长度1cm的裹线铁丝

参照p.56制作带铁丝的半球底座。
参照p.59制作上层、中层所需的双层剑菊捏片；参照p.57制作下层所需的细圆捏片。
参照p.80步骤2将花瓣粘到底座上。
参照p.65步骤13～16用裹线铁丝制作花蕊，粘在花的中心。

◆组合方法

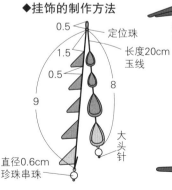
缠上花艺胶带

参照p.63步骤13～20挂上挂饰，再组合在发夹上。

◆挂饰的制作方法

0.5
定位珠
1.5
长度20cm玉线
0.5
8
9
大头针
直径0.6cm珍珠串珠

参照p.57使用挂饰用绉布制作圆形捏片。
参照p.62步骤7～12制作挂饰。

5

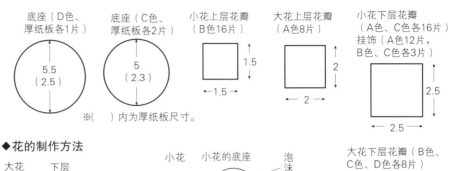

◆**材料和用量**

花瓣用绉布（A色）20cm×20cm（含挂饰），（B色、C色）各20cm×15cm（含挂饰、底座），（D色）15cm×15cm（含底座）；泡沫球直径2.5cm2个；珍珠串珠直径0.3cm14颗，直径0.4cm7颗，直径0.6cm3颗；玉线长度12cm 3根；大头针长度3cm3根；发夹长度7cm1个；花艺铁丝（白色）#24长度18cm4根；缝纫线30号（白色）、透明线、花艺胶带（黑色）、厚纸板各适量

底座（D色、厚纸板各1片） 5.5（2.5）

底座（C色、厚纸板各2片） 5（2.3）

※( )内为厚纸板尺寸。

小花上层花瓣（B色16片） ←1.5→ ↕1.5

大花上层花瓣（A色8片） ←2→ ↕2

小花下层花瓣（A色、C色各16片）挂饰（A色12片，B色、C色各3片） ←2.5→ ↕2.5

◆**制作顺序**

① 制作带铁丝的半球底座。
② 制作花瓣，粘到底座上。
③ 用串珠制作花蕊，粘在花的中心。制作大花1朵，小花2朵。
④ 将3朵花的铁丝组合到一起。
⑤ 制作挂饰用钩环。
⑥ 制作挂饰，连接到步骤5中的钩环。
⑦ 将步骤6中的钩环穿到步骤4中做好的花束的铁丝上。
⑧ 将步骤7中的成品组合在发夹上。

◆**花的制作方法**

大花 下层 三层圆形捏片 上层 圆形捏片 直径0.4cm珍珠串珠 A色 B色 C色 D色 5

参照p.56制作大花用的带铁丝的半球底座。
参照p.57制作上层用的圆形捏片、下层用的三层圆形捏片。
参照p.80步骤2将花瓣粘到底座上。
参照p.7、p.62步骤6用珍珠串珠制作花蕊，粘在花的中心。

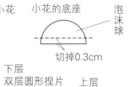

小花 小花的底座 泡沫球 切掉0.3cm

下层 双层圆形捏片 上层 圆形捏片 B色 C色 A色 直径0.3cm珍珠串珠 4

参照p.56、p.62步骤1制作小花用的带铁丝的半球底座。
参照p.57制作上层用的圆形捏片、下层用的双层圆形捏片。
按照大花的做法将花瓣粘到底座上，制作花蕊并粘在花的中心。

大花下层花瓣（B色、C色、D色各8片） ←3→ ↕3

◆**挂饰的制作方法**

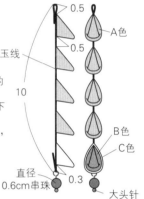

0.5 0.5 长度12cm玉线 A色 B色 C色 10 直径0.6cm串珠 0.3 大头针

参照p.57使用挂饰用绉布制作圆形捏片12片、双层圆形捏片3片。
参照p.75步骤25、p.65步骤23，以及p.62步骤11、12，制作3根挂饰，连接到钩环上。

◆**挂饰用钩环的制作方法**

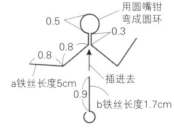

用圆嘴钳弯成圆环 0.5 0.3 0.8 0.8 a铁丝长度5cm 0.8 插进去 0.9 b铁丝长度1.7cm

用缝纫线缠绕 用圆嘴钳弯折成圆环 用a、b铁丝制作，聚成一束用缝纫线缠绕。

◆**组合方法**

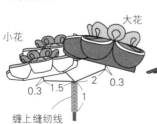

小花 大花 0.3 1.5 2 0.3 1 缠上缝纫线

参照p.68步骤4~10，在指定位置折弯铁丝，将3根铁丝聚成一束缠上缝纫线。

缠上花艺胶带

将挂饰穿到花束铁丝上。
参照p.63"三朵花以上的情况"将花束组合在发夹上。

7.5

◆ **材料和用量**

花瓣用绉布（红色）25cm×25cm（含挂饰、底座），（黑色）20cm×15cm；串珠（朱红色）直径0.4cm7颗，直径0.6cm3颗；金属花蕊底座（金色）直径0.7cm3个，直径0.9cm7个；细头花蕊（黑色）7根；大头针（金色）长度3cm3根；双股发簪长度11.5cm1支；玉线（黑色）长度18cm3根；花艺铁丝（白色）#24长度18cm10根；捆扎线（红色）、金线、厚纸板各适量

◆ **制作顺序**

① 制作带铁丝的平面底座。
② 制作花瓣，粘到底座上。共制作7朵花。
③ 在中心花的花瓣之间粘上细头花蕊。在其余6朵花的花瓣里粘上金线。
④ 用金属花蕊底座和串珠制作花蕊，粘在花的中心。
⑤ 将花组合到一起。
⑥ 制作挂饰。
⑦ 制作爪钩，然后跟步骤5中做好的花束聚在一起缠上捆扎线。
⑧ 将步骤7中的成品组合在发簪上。
⑨ 在爪钩上挂上挂饰。
⑩ 调整花使其朝向正面。

底座（红色、厚纸板各7片）

3.5
(2.2)

※（ ）内为厚纸板尺寸。

花瓣
（红色35片、黑色35片）
挂饰（红色21片）

2.5

2.5

◆ **花的制作方法**

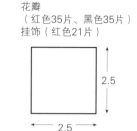

直径0.9cm 金属花蕊底座
双层梅花捏片
直径0.4cm 串珠
粘上金线

长度1.7cm 细头花蕊
直径0.9cm 金属花蕊底座
直径0.4cm 串珠
长度1.5cm 细头花蕊

3

3

参照p.56制作带铁丝的平面底座。
参照p.58使用花瓣用绉布制作双层梅花捏片。
参照p.68步骤2将花瓣粘到底座上。
参照p.68步骤3在花的中心粘好金属花蕊底座和串珠，再在花瓣之间粘上细头花蕊。
其余6朵花在每片花瓣里粘上金线，再在花的中心粘上金属花蕊底座和串珠。

◆ **挂饰的制作方法**

0.5
0.5
0.5
圆形捏片
14
长度16cm 玉线
直径0.7cm 金属花蕊底座
直径0.6cm 串珠
0.3
大头针

参照p.57使用挂饰用绉布制作21片圆形捏片。
参照p.75步骤25、p.65步骤23，以及p.62步骤11、12制作3根挂饰。

◆ **组合方法**

周围的花（6朵）
中心的花
用3根铁丝制作爪钩

2.5
铁丝

2
做上标记

2.5
将7根铁丝聚成一束缠上捆扎线

用尖嘴钳折弯
发簪
跟发簪叠放在一起缠上捆扎线

8

参照p.74步骤10~12以及p.75步骤14~17折弯铁丝，把花聚成一束缠上捆扎线。
参照p.75步骤19~24制作爪钩，然后跟花聚成一束缠上捆扎线，组合在发簪上。再在爪钩上挂上挂饰，调整花使其朝向正面。

◆ 材料和用量

花瓣用绉布（红色）25cm×20cm（含底座），（浅粉色）15cm×5cm，（蓝绿色、黄色、蓝色）各10cm×5cm；串珠直径0.6cm（朱红色）5颗，（浅粉色）1颗；花火形金属花蕊底座直径1.3cm6颗；15齿发梳1个；花艺铁丝（白色）#24长度18cm6根，#26长度36cm1根；捆扎线（红色）、透明线、花艺胶带（黑色）、厚纸板各适量

◆ 制作顺序

① 制作大花和中花用的大、小底座，叠粘在一起。制作小花用的带铁丝的平面底座。

② 制作花瓣，粘到底座上。做大花1朵，中花每种颜色各1朵，小花2朵。

③ 用金属花蕊底座和串珠制作花蕊，粘在花的中心。

④ 将步骤3中花朵的铁丝组合到一起。

⑤ 将步骤4中的成品组合在发梳上。

⑥ 调整花使其朝向正面。

大花用小底座
（红色、厚纸板各1片）
小花用底座
（红色、厚纸板各2片）

2.5
（1.5）

中花用小底座
（红色、厚纸板各3片）

2
（1.3）

大花用大底座
（红色、厚纸板各1片）

3.4
（2）

中花用大底座
（红色、厚纸板各3片）

3
（1.8）

※（ ）内为厚纸板尺寸。

大花上层花瓣
（红色10片）
中花上层花瓣
（红色30片）
中花中层花瓣
（红色30片）
中花下层花瓣
（蓝绿色、黄色、蓝色各10片）
小花花瓣（红色20片）

1.5

←1.5→

大花中层花瓣
（红色10片）
大花下层花瓣
（红色、浅粉色各10片）

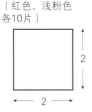

2

←2→

◆ 花的制作方法

小平面底座
叠粘在一起
带铁丝的大平面底座
铁丝

参照p.56制作大花、中花所需的小平面底座和大的带铁丝的平面底座，将大、小底座叠粘在一起；制作小花用的带铁丝的平面底座。

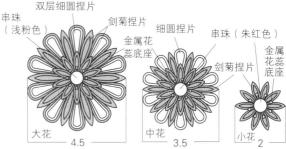

大花 ——4.5—— 中花 ——3.5—— 小花 ——2——

使用花瓣用绉布参照p.57制作双层细圆捏片、细圆捏片，参照p.59制作剑菊捏片。
大花、中花在小底座上粘贴上层花瓣，在上层花瓣间插进中层花瓣粘好，在大底座上粘贴下层花瓣。
小花参照p.66步骤2在底座上粘上花瓣。
参照p.68步骤3在花的中心粘好金属花蕊底座和串珠。

◆ 组合方法

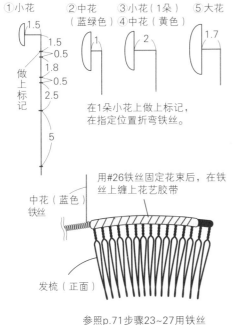

①小花
②中花（蓝绿色）
③小花（1朵）
④中花（黄色）
⑤大花
⑥中花（蓝色）

做上标记

1.5
1.5
0.5
1.8
0.5
2.5
5

1 1.5
2
1.7
1.5

在1朵小花上做上标记，在指定位置折弯铁丝。

中花（蓝色）铁丝

用#26铁丝固定花束后，在铁丝上缠上花艺胶带

发梳（正面）

参照p.71步骤23~27用铁丝将花束固定在发梳上，调整花使其朝向正面。

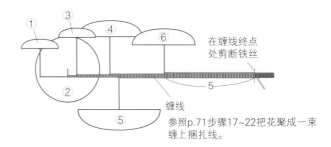

在缠线终点处剪断铁丝

缠线

5

参照p.71步骤17~22把花聚成一束缠上捆扎线。

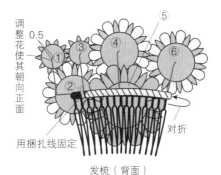

调整花使其朝向正面

0.5

对折

用捆扎线固定

发梳（背面）

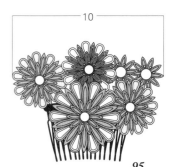

10

◆ **材料和用量**

花瓣用绉布（含挂饰），（A色）
25cm×20cm（含底座），（B色）
15cm×10cm，（C色）20cm×20cm
（含底座）；泡沫球直径2cm、直径
2.5cm各1个；串珠直径0.3cm7颗，
直径0.4cm14颗；圆形切面串珠直径
0.8cm2颗；玉线（黑色）长度30cm1根；
大头针长度3cm2根；定位珠直径
0.3cm1颗；发夹长度7cm1个；花艺铁
丝（白色）#24长度18cm3根；缝纫线
30号（白色）、透明线、花艺胶带（黑
色）、厚纸板各适量

◆ **制作顺序**

① A色是亮色，B色是较浅的暗色，
  C色是较深的暗色，准备好这些颜
  色的绉布。
② 制作带铁丝的半球底座。
③ 制作花瓣，粘到底座上。
④ 用串珠制作花蕊，粘在花的中心。
⑤ 将花组合到一起。
⑥ 制作挂饰，穿在步骤5中的铁丝上。
⑦ 将步骤6中的成品组合在发夹上。

大花底座
（A色、厚纸板各1片）

5.5
（2.5）

小花底座
（C色、厚纸板各2片）

4.5
（2）

大花上层花瓣
（A色、C色各6片）

1.5

←— 1.5 —→

※（ ）内为厚纸板尺寸。

大花中层花瓣
（A色、B色各6片）
大花下层b花瓣
（A色6片）
小花上层花瓣
（A色、B色各12片）
小花下层花瓣
（A色、C色各12片）

2

←— 2 —→

大花下层a花瓣
（A色12片）
小花中层花瓣
（C色24片）
挂饰（A色10片，
B色、C色各2片）

2.5

←— 2.5 —→

◆ **花的制作方法**

小花   4

直径0.4cm 串珠
下层双层圆形捏片
上层双层圆形捏片
中层双层圆形捏片

A色
B色
C色

大花   4.5

下层b花瓣
下层a花瓣
中层
上层
直径0.3cm 串珠

双层开口剑菊捏片

参照p.56制作小花用的带铁丝的半球底座。
参照p.57使用花瓣用绉布制作双层圆形捏片。
参照p.62步骤4、5将中层花瓣粘到底座上，
将上层花瓣粘到中层花瓣的上面，将下层花
瓣插到中层花瓣之间粘好。
参照p.7、p.62步骤6用串珠制作花蕊，粘在
花的中心。

大花按照小花的做法制作底座和上层花瓣、中层花瓣
以及下层的a花瓣。
参照p.60使用下层b花瓣用绉布制作双层开口剑菊捏片。
参照p.80步骤2先粘上层花瓣和中层花瓣；然后在中
层花瓣之间插入下层a花瓣并粘好，再将下层b花瓣卡
在中层花瓣两边粘贴。
参照p.7、p.62步骤6用串珠制作花蕊，粘在花的中心。

◆ **挂饰的制作方法**

0.5
2
0.5
10.5
0.3
折弯1cm

定位珠
直径0.8cm 切面串珠
大头针

参照p.62步骤7～12
制作挂饰。

◆ **组合方法**

小花   大花
0.5   0.5
1.3   2.2

小花 小花 大花

2

缠上缝纫线

在指定位置折弯铁丝，
将3根铁丝聚成一束缠
上缝纫线。

小花
小花
小花
大花

缠上花艺胶带

将挂饰穿到花束的铁丝上。
参照p.63 "三朵花以上的情况"
将花束组合在发夹上。

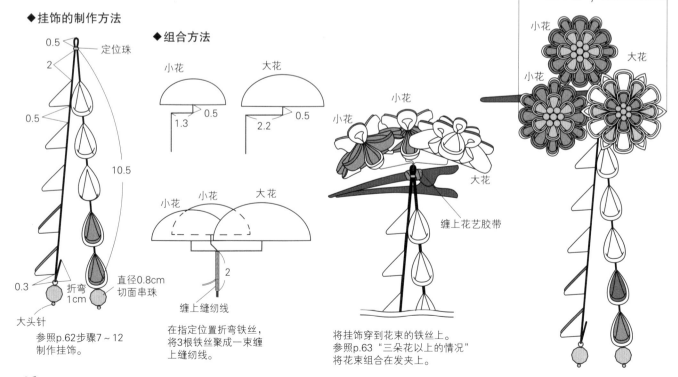

7
小花
小花
大花

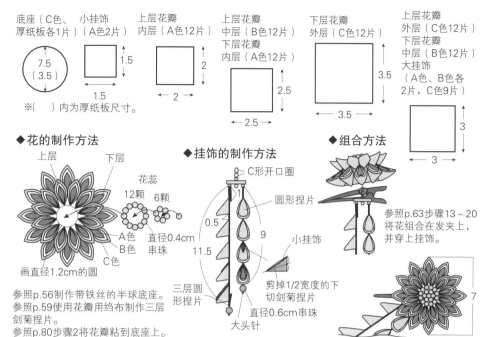

◆ **材料和用量**

花瓣用绉布（含挂饰），（A色）20cm×10cm，（B色）20cm×15cm，（C色）25cm×25cm（含底座）；泡沫球直径3.5cm1个；串珠直径0.4cm19颗，直径0.6cm2颗；玉线长度15cm2根；大头针长度3cm2根；三环挂饰条宽度1.8cm1个；C形开口圈外径0.38cm×0.58cm2个；发夹长度7cm1个；花艺铁丝（白色）#22长度18cm1根；透明线、花艺胶带（黑色）、厚纸板各适量

◆ **制作顺序**

① 制作带铁丝的半球底座。
② 制作花瓣，粘到底座上。
③ 用串珠制作花蕊，粘在花的中心。
④ 制作挂饰，穿到步骤3中的铁丝上。
⑤ 将步骤4中的成品组合在发夹上。

底座（C色、厚纸板各1片）
7.5
(3.5)

小挂饰（A色2片）
1.5
1.5

上层花瓣内层（A色12片）
2
1.5

上层花瓣中层（B色12片）下层花瓣内层（A色12片）
2.5
2.5

下层花瓣外层（C色12片）
3.5
3.5

上层花瓣外层（C色12片）下层花瓣中层（B色12片）大挂饰（A色、B色各2片，C色9片）
3
3

※( )内为厚纸板尺寸。

◆ **花的制作方法**

上层　下层
花蕊
12颗　6颗
A色
B色
C色
直径0.4cm串珠
画直径1.2cm的圆

参照p.56制作带铁丝的半球底座。
参照p.59使用花瓣用绉布制作三层剑菊捏片。
参照p.80步骤2将花瓣粘到底座上。
参照p.7、p.62步骤6用串珠制作花蕊，粘在花的中心。

◆ **挂饰的制作方法**

C形开口圈
圆形捏片
0.5
11.5
9
三层圆形捏片
直径0.6cm串珠
大头针
剪掉1/2宽度的下切剑菊捏片
小挂饰

参照p.57制作大挂饰要用的圆形捏片7片、三层圆形捏片2片。
参照p.61制作小挂饰要用的下切剑菊捏片并粘到圆形捏片上。
参照p.65步骤23~27制作挂饰。

◆ **组合方法**

参照p.63步骤13~20将花组合在发夹上，并穿上挂饰。

7

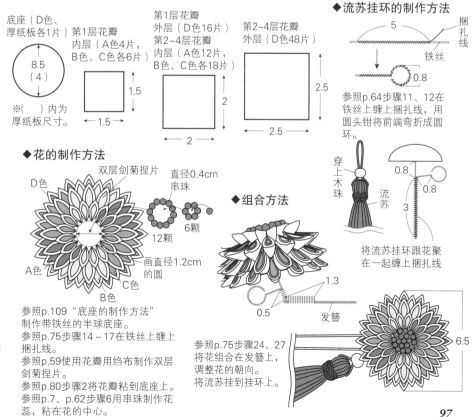

◆ **材料和用量**

花瓣用绉布（A色）10cm×10cm，（B色、C色）各15cm×10cm，（D色）25cm×25cm（含底座）；泡沫球直径4cm1个；串珠直径0.4cm19颗，直径0.7cm木珠1颗；流苏长度8.5cm1个；双股发簪长度11.5cm1支；花艺铁丝（白色）#22长度18cm3根；捆扎线（红色）、透明线、花艺胶带（黑色）、厚纸板各适量

◆ **制作顺序**

① 用2根铁丝制作带铁丝的半球底座。
② 在底座的2根铁丝上缠上捆扎线。
③ 制作花瓣，粘到底座上。
④ 用串珠制作花蕊，粘在花的中心。
⑤ 制作流苏挂环，跟步骤4中的花组合到一起。
⑥ 将步骤5中的成品组合在发簪上。
⑦ 在流苏的挂绳上穿上木珠，挂到挂环上。

底座（D色、厚纸板各1片）
8.5
(4)

第1层花瓣内层（A色4片，B色、C色各6片）
1.5
1.5

第1层花瓣外层（D色16片）第2~4层花瓣内层（A色12片，B色、C色各18片）
2
2

第2~4层花瓣外层（D色48片）
2.5
2.5

※( )内为厚纸板尺寸。

◆ **流苏挂环的制作方法**

5
捆扎线
铁丝
0.8

参照p.64步骤11、12在铁丝上缠上捆扎线，用圆头钳将前端弯折成圆环。

穿上木珠
0.8
0.8
3
流苏

将流苏挂环跟花聚在一起缠上捆扎线

◆ **花的制作方法**

D色
双层剑菊捏片
直径0.4cm串珠
12颗
6颗
A色
C色
B色
画直径1.2cm的圆

参照p.109 "底座的制作方法"制作带铁丝的半球底座。
参照p.75步骤14~17在铁丝上缠上捆扎线。
参照p.59使用花瓣用绉布制作双层剑菊捏片。
参照p.80步骤2将花瓣粘到底座上。
参照p.7、p.62步骤6用串珠制作花蕊，粘在花的中心。

◆ **组合方法**

1.3
0.5
发簪

参照p.75步骤24、27将花组合在发簪上，调整花的朝向。将流苏挂到挂环上。

6.5

◆ 材料和用量（1件）

通用 花瓣用绉布（深紫色或紫红色）20cm×15cm（含底座、挂饰），（白色）15cm×15cm（含挂饰）；泡沫球直径2.5cm1个；水钻直径0.38cm1颗；花火形金属蕊底座直径1cm、直径1.3cm各1个；大头针长度3cm2根；花艺铁丝（白色）#24长度18cm 1根；透明线、花艺胶带（黑色）、厚纸板各适量

发夹 珍珠串珠直径0.3cm2颗；水滴形串珠0.5cm×0.7cm2颗；玉线长度20cm1根；定位珠直径0.3cm1颗；发夹长度7cm1个

发簪 圆形切面串珠直径0.8cm2颗；C形开口圈外径0.38cm×0.58cm1个；金属链长度8cm 1根；带环U形簪长度7.5cm1个

◆ 制作顺序

① 制作带铁丝的半球底座。
② 制作花瓣，粘到底座上。
③ 用金属花蕊底座和串珠制作花蕊，粘在花的中心。
④ 制作挂饰。
⑤ 将挂饰穿到发夹的铁丝上。
⑥ 将花组合在发夹或者发簪上。
⑦ 在发簪上连接上挂饰。

底座（紫色、厚纸板各1片）

5.5
(2.5)

第1层花瓣内层（白色8片）

1
←1→

※（ ）内为厚纸板尺寸。
※用量是通用的。

第1层花瓣外层（紫色8片）
第2层花瓣内层（白色8片）

1.5
←1.5→

第2层花瓣外层（紫色8片）
第3层花瓣内层（白色8片）
第4层花瓣（白色、紫色各8片）
挂饰（紫色5片、白色2片）

2
←2→

第3层花瓣外层（紫色8片）
挂饰（紫色2片）

2.5
←2.5→

※紫色=深紫色或紫红色。

◆ 花的制作方法（通用）

第4层双层细圆捏片
第1层双层剑菊捏片
第2层双层剑菊捏片
紫色
白色
第3层双层剑菊捏片

第4层剪掉尾端

花蕊
水钻
小金属花蕊底座
大金属花蕊底座用尖嘴钳掰开

将大、小金属花蕊底座叠粘在一起，在其中心粘上水钻。

参照p.56制作带铁丝的半球底座。
参照p.59制作第1、2、3层所需的双层剑菊捏片，
参照p.80步骤2将花瓣粘到底座上。
参照p.57制作第4层所需的双层细圆捏片，参照p.64步骤9、10将花瓣粘到底座上。
参照p.68步骤3在花的中心粘好金属花蕊底座和串珠。

◆ 发夹挂饰的制作方法

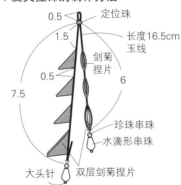

0.5 定位珠
1.5
长度16.5cm玉线
0.5 剑菊捏片
6
7.5
珍珠串珠
水滴形串珠
大头针
双层剑菊捏片

参照p.59使用挂饰用绉布制作剑菊捏片5片、双层剑菊捏片2片。
参照p.62步骤7~12制作挂饰。

◆ 发簪

挂饰的制作方法

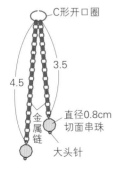

C形开口圈
3.5
4.5
金属链
直径0.8cm切面串珠
大头针

参照p.7以及p.67步骤26、27在剪成2段的金属链上连接上串珠，再用C形开口圈将2根金属链连起来。

◆ 发簪的组合方法

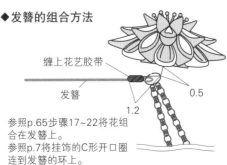

缠上花艺胶带
发簪
1.2
0.5

参照p.65步骤17~22将花组合在发簪上。
参照p.7将挂饰的C形开口圈连到发簪的环上。

◆ 发夹的组合方法

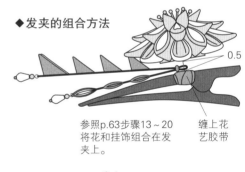

0.5
缠上花艺胶带

参照p.63步骤13~20将花和挂饰组合在发夹上。

发夹
5

发簪
5

◆材料和用量

花瓣用绉布（紫色）20cm×10cm（含底座、花蕾），（深紫红色或深紫色、黄色）各10cm×5cm；叶子用绉布（黄绿色）20cm×10cm（含花萼）；15齿发梳1个；水钻直径0.3cm、0.25cm、0.2cm各1颗；花艺铁丝（白色）#24长度18cm5根，#26长度20cm1根；捆扎线（绿色）、花艺胶带（黑色）、厚纸板各适量

◆制作顺序

① 制作带铁丝的平面底座。
② 制作花瓣，粘到底座上。
③ 制作花蕾。
④ 制作叶子。
⑤ 将花、花蕾、叶子聚成一束缠上捆扎线。
⑥ 将步骤5中的花束组合在发梳上。

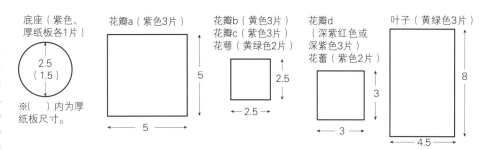

底座（紫色、厚纸板各1片）
2.5
(1.5)
※( )内为厚纸板尺寸。

花瓣a（紫色3片）
5
5

花瓣b（黄色3片）
花瓣c（紫色3片）
花萼（黄绿色2片）
2.5
2.5

花瓣d（深紫红色或深紫色3片）
花蕾（紫色2片）
3
3

叶子（黄绿色3片）
8
4.5

◆花的制作方法

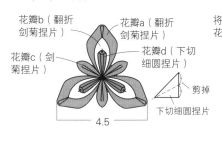

花瓣b（翻折剑菊捏片）
花瓣a（翻折剑菊捏片）
花瓣c（剑菊捏片）
花瓣d（下切细圆捏片）
剪掉
下切细圆捏片
4.5

将花瓣c粘在花瓣a之间
将花瓣d立起粘在花瓣b的上面
将花瓣a粘到底座上
将花瓣b叠粘在花瓣a上
缠线
长度18cm铁丝

参照p.60使用花瓣a、b用绉布制作翻折剑菊捏片，参照p.59使用花瓣c用绉布制作剑菊捏片，参照p.61使用花瓣d用绉布制作下切细圆捏片。
参照p.56制作带铁丝的平面底座。
参照p.64步骤11、12在铁丝上缠上捆扎线。
将花瓣按a~d的顺序粘到底座上。

◆花蕾的制作方法

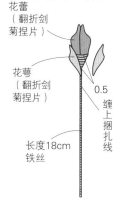

花蕾（翻折剑菊捏片）
花萼（翻折剑菊捏片）
0.5
缠上捆扎线
长度18cm铁丝

在铁丝上缠上捆扎线。
参照p.60使用花蕾和花萼用绉布制作翻折剑菊捏片。
参照p.70步骤6、7制作花蕾。
从花蕾下端0.5cm的位置开始缠捆扎线。
在花蕾底端外侧粘上花萼。

实物大小纸样

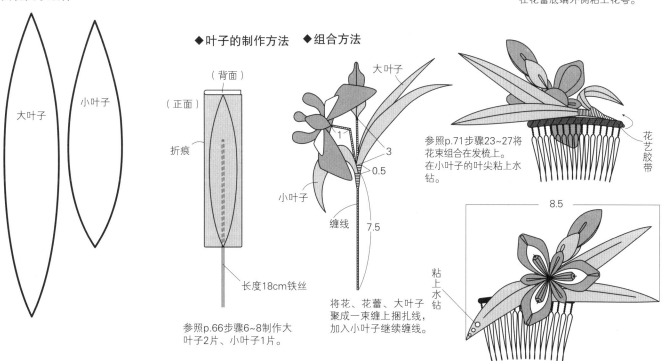

大叶子
小叶子

◆叶子的制作方法   ◆组合方法

（背面）
（正面）
折痕
长度18cm铁丝

参照p.66步骤6~8制作大叶子2片、小叶子1片。

大叶子
小叶子
1
3
0.5
缠线
7.5

将花、花蕾、大叶子聚成一束缠上捆扎线，加入小叶子继续缠线。

参照p.71步骤23~27将花束组合在发梳上。
在小叶子的叶尖粘上水钻。

花艺胶带

8.5
粘上水钻

◆ **材料和用量**

A 花瓣用绉布（玫红色）20cm×15cm（含底座），（淡薄荷绿色）20cm×10cm；串珠（薄荷绿色）直径0.4cm6颗、直径0.3cm12颗，（粉色）直径0.6cm1颗、直径0.4cm4颗；花艺铁丝（白色）#24长度18cm3根

B 花瓣用绉布（玫红色）20cm×15cm（含底座），（淡薄荷绿色）15cm×10cm；串珠（薄荷绿色）直径0.4cm、直径0.3cm各6颗，（粉色）直径0.6cm、直径0.4cm各1颗，（粉色）直径0.3cm2颗；花艺铁丝（白色）#24长度18cm 2根

通用 圆形切面串珠（透明蓝色）直径0.8cm 2颗；大头针长度3cm2根；圆形开口圈直径0.5cm1个；发夹长度7cm1个；金属链长度8cm1根；缝纫线30号（白色）、透明线、花艺胶带（黑色）、厚纸板各适量

◆ **制作顺序（通用）**

① 制作带铁丝的平面底座。
② 制作花瓣，粘到底座上。
③ 用串珠制作花蕊，粘在花的中心。
A制作大花1朵、小花2朵，B制作大花1朵、小花1朵。
④ 将花组合到一起。
⑤ 制作挂饰，穿到步骤4中的铁丝上。
⑥ 将步骤5中的成品组合在发夹上。

大底座
（A、B通用）
（玫红色、厚纸板各1片）

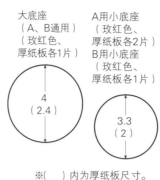

4
(2.4)

A用小底座
（玫红色、厚纸板各2片）
B用小底座
（玫红色、厚纸板各1片）

3.3
(2)

※（ ）内为厚纸板尺寸。

A小花用大花瓣
（玫红色、淡薄荷绿色各12片）
B小花用大花瓣
（玫红色、淡薄荷绿色各6片）

2.5

2.5

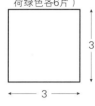

大花用大花瓣
（A、B通用）
（玫红色、淡薄荷绿色各6片）

3

3

A小花用小花瓣
（玫红色12片）
B小花用小花瓣
（玫红色6片）

1.5

1.5

大花用小花瓣
（A、B通用）
（玫红色6片）

2

2

◆ **花的制作方法**

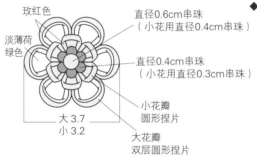

玫红色
淡薄荷绿色

直径0.6cm串珠
（小花用直径0.4cm串珠）

直径0.4cm串珠
（小花用直径0.3cm串珠）

小花瓣
圆形捏片
大花瓣
双层圆形捏片

大 3.7
小 3.2

参照p.56制作带铁丝的平面底座。
参照p.62步骤2、4~6制作花朵。

◆ **挂饰的制作方法**

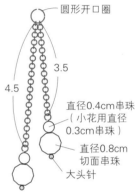

圆形开口圈

4.5

3.5

直径0.4cm串珠
（小花用直径0.3cm串珠）

直径0.8cm
切面串珠

大头针

参照p.67步骤26、27在剪成2段的金属链上连接上串珠，然后用圆形开口圈将2根金属链连接起来。

◆ **组合方法**

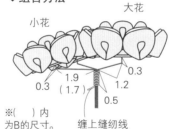

大花

小花

1.9
(1.7)
0.3
0.3
1.2
0.5

※（ ）内为B的尺寸。

缠上缝纫线

参照p.68步骤4~10将花的铁丝聚成一束缠上缝纫线。

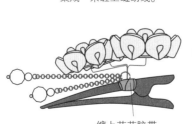

缠上花艺胶带

在铁丝上穿上挂饰。
A参照p.63"三朵花以上的情况"、B参照p.63步骤13~20将花束组合在发夹上。

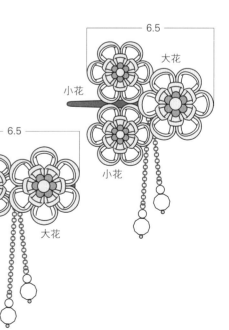

6.5

大花
小花

6.5

小花
大花

小花

◆材料和用量

花瓣用绉布（白色）35cm×30cm（含花蕾、加固布）；雄蕊用绉布（茶色）5cm×5cm；叶子用绉布（浅蓝绿色）15cm×10cm，（浅薄荷绿色）15cm×15cm；算珠形串珠直径0.6cm1颗；花艺铁丝（白色）#24长度18cm10根、长度6cm1根、长度5cm6根，#26长度36cm1根；蕾丝宽度2cm、长度30cm；20齿发梳1个；25号绣线（驼色、黄绿色）、缝纫线30号（白色）、花艺胶带（黑色）、厚纸板各适量

◆制作顺序

① 制作花瓣。
② 将花瓣的铁丝聚成一束，缠上缝线。
③ 制作花蕾、叶子、花蕊。
④ 将步骤2、3中的铁丝聚成一束缠上缝纫线。
⑤ 将步骤4中的成品组合在发梳上。

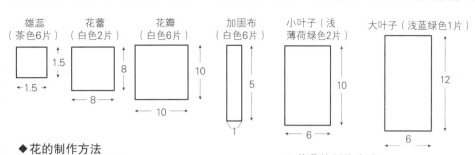

材料示意图：
- 雄蕊（茶色6片）1.5 × 1.5
- 花蕾（白色2片）8 × 8
- 花瓣（白色6片）10 × 10
- 加固布（白色6片）5 × 1
- 小叶子（浅薄荷绿色2片）10 × 6
- 大叶子（浅蓝绿色1片）12 × 6

◆花的制作方法

下切剑菊捏片
剪掉2/3宽度
长度18cm铁丝

花瓣（背面）
贴上
加固布
剪掉多余部分

做上标记
0.5
缠上绣线（黄绿色）
5

蕾丝
10
折到背面粘好

使用花瓣用绉布参照p.60、p.61先制作下切剑菊捏片，再制作成翻折剑菊捏片，共制作6片，将铁丝粘到花瓣背面，再在上面贴上加固布。
将蕾丝粘在3片花瓣上。
将花瓣的铁丝聚成一束缠上绣线（黄绿色），在指定的位置做上标记。

◆花蕾的制作方法

细圆捏片
折弯4cm
剪掉
粘在一起
5.7
缠上绣线（黄绿色）
5.8
长度18cm铁丝
做上标记

使用花蕾用绉布参照p.61、p.58先制作下切细圆捏片，再制作成翻折圆形捏片，共制作2片。参照p.70步骤6、7制作花蕾。在铁丝上缠上绣线，在指定的位置做上标记。

实物大小纸样

小叶子
大叶子

◆叶子的制作方法

大叶子
（背面）
（正面）
折痕
长度18cm铁丝

小叶子
做上标记
将2片小叶子组合到一起
1
1.5
1
5
缠上绣线（黄绿色）
3
1

参照p.66步骤6~8制作1片大叶子、2片小叶子。
参照p.64步骤11、12在叶子的铁丝上缠上绣线，再在指定的位置做上标记。

◆花蕊的制作方法

下切细圆捏片
剪掉
将铁丝插进去粘好
长度5cm铁丝
4
剪断
缠上绣线（驼色）

算珠形串珠
长度6cm铁丝
4.5
剪断
缠1cm缝纫机
涂上白胶

参照p.61使用雄蕊用绉布制作6片下切细圆捏片。在雄蕊和串珠上粘上铁丝。
参照p.64步骤11、12在铁丝上缠上绣线。
参照p.70步骤3将花蕊扎成一束插入花的中心。

◆组合方法

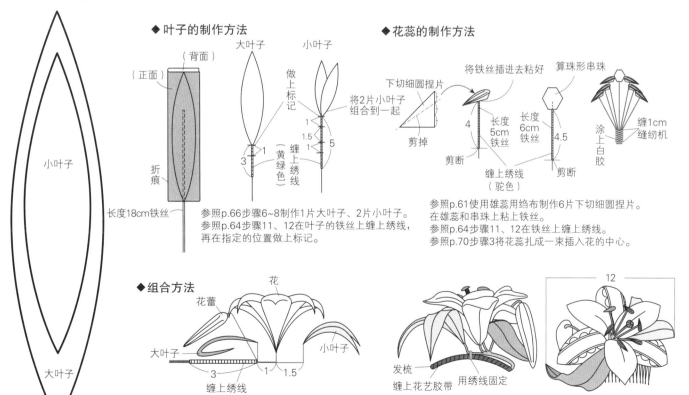

花
花蕾
大叶子
小叶子
缠上绣线
3
1
1.5

在最初的标记处将铁丝折成直角。
参照p.71步骤18~22将花聚成一束缠上绣线（黄绿色）。

发梳
缠上花艺胶带
用绣线固定

12

参照p.71步骤23~27将花束组合在发梳上，然后调整花的朝向。

◆ 材料和用量

花瓣用绉布（含挂饰），（红色）25cm×20cm，（白色）30cm×20cm（含底座）；串珠（粉色）直径0.6cm7颗，白色珍珠直径0.8cm3颗；细头花蕊（蓝绿色）113根；玉线长度15cm3根；金线铁丝长度30cm1根；大头针长度3cm3根；双股发簪长度11.5cm1支；花艺铁丝（白色）#24长度18cm16根；捆扎线（玫红色）、透明线、厚纸板各适量

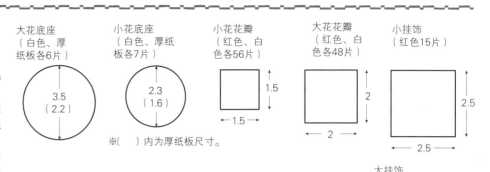

大花底座（白色、厚纸板各6片）
3.5（2.2）

小花底座（白色、厚纸板各7片）
2.3（1.6）

※（ ）内为厚纸板尺寸。

小花花瓣（红色、白色各56片）
1.5
1.5

大花花瓣（红色、白色各48片）
2
2

小挂饰（红色15片）
2.5
2.5

大挂饰（红色、白色各3片）
3
3

◆ 制作顺序（通用）

① 制作带铁丝的平面底座。
② 制作花瓣，粘到底座上。
③ 将细头花蕊粘到花瓣上。
④ 用串珠（粉色）或金线铁丝制作花蕊，粘在花的中心。
⑤ 将小花组合到一起。
⑥ 在小花的周围加入大花。
⑦ 制作爪钩，跟花束组合到一起。
⑧ 将步骤7中的成品组合在发簪上。
⑨ 制作挂饰，挂到步骤8中的爪钩上。
⑩ 调整花使其朝向正面。

◆ 花的制作方法

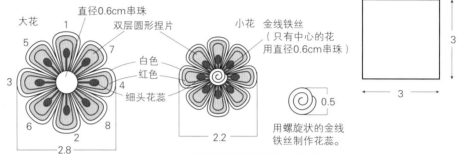

参照p.56制作带铁丝的平面底座。
参照p.57使用花瓣用绉布制作双层圆形捏片。
参照p.66步骤2将花瓣按序号顺序粘到底座上。
参照p.74步骤3、4将细头花蕊粘到花瓣上，再在花的中心粘上串珠。

小花按大花的做法制作，只有中心花以外的花的花蕊做法不同。
参照p.65步骤13～16制作中心花以外的花的花蕊，粘在花的中心。

◆ 挂饰的制作方法

0.5
0.5
12
大
0.3

圆形捏片
小
长度14cm玉线
白色
红色
双层圆形捏片
细头花蕊
直径0.8cm珍珠
大头针

参照p.75步骤25、p.65步骤23，以及p.62步骤11、12制作3根挂饰。

◆ 组合方法

小花（中心）
3.5
做上标记

小花
3.7

大花
2.6

在指定的位置折弯铁丝。

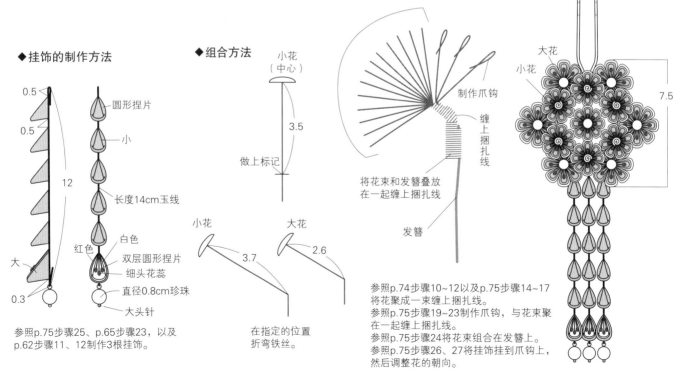

制作爪钩
缠上捆扎线
将花束和发簪叠放在一起缠上捆扎线
发簪

大花
小花
7.5

参照p.74步骤10～12以及p.75步骤14～17将花聚成一束缠上捆扎线。
参照p.75步骤19～23制作爪钩，与花束聚在一起缠上捆扎线。
参照p.75步骤24将花束组合在发簪上。
参照p.75步骤26、27将挂饰挂到爪钩上，然后调整花的朝向。

◆材料和用量

大 花瓣用绉布（红色）20cm×20cm，
（白色）25cm×25cm（含底座）；泡沫
球直径4cm1个

中 花瓣用绉布（红色）20cm×15cm，
（白色）25cm×20cm（含底座）；泡沫
球直径3.5cm 1个

小 花瓣用绉布（红色）15cm×10cm，
（白色）20cm×15cm（含底座）；泡沫
球直径2.5cm1个

通用 U形簪长度7.5cm1支；花艺铁丝
（白色）#22长度18cm1根；金线铁丝长
度10cm 1根；花艺胶带（黑色）、厚纸
板各适量

◆制作顺序（通用）

① 制作带铁丝的半球底座。

② 制作花瓣，粘到底座上。

③ 用金线铁丝制作花蕊，粘在花的
中心。

④ 将步骤3中的花组合在U形簪上。

大花底座（白
色、厚纸板各1片）

8.5
（4）

中花底座（白
色、厚纸板各1片）

8
（3.5）

小花底座（白
色、厚纸板各1片）

5.5
（2.5）

※（ ）内为
厚纸板尺寸。

大花
第1层花瓣
内层（红色12片）

1

1

大花
第1层花瓣
外层（白色12片）

1.5

1.5

大花第2层花瓣
内层（红色12片）

2

2

大花第2层花瓣
外层（白色12片）
大花第3层花瓣
内层（红色12片）

2.5

2.5

大花第3层花瓣
外层（白色12片）
大花第4层花瓣
内层（红色12片）

3

3

大花第4层花瓣
外层（白色12片）

3.5

3.5

中花、小花
第1层花瓣
内层（红色各12片）

1.5

1.5

中花、小花第1层花瓣
外层（白色各12片）
中花、小花第2层花瓣
内层（红色各12片）

2

2

中花、小花第2层花瓣
外层（白色各12片）
中花第3层花瓣
内层（红色12片）

2.5

2.5

中花第3层花瓣
外层（白色12片）

3

3

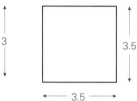

◆花的制作方法

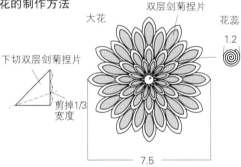

下切双层剑菊捏片

剪掉1/3
宽度

双层剑菊捏片

花蕊

1.2

大花

7.5

参照p.56制作带铁丝的半球底座。
使用花瓣用绉布参照p.59制作第2~4层用的双层剑菊捏片，
参照p.61制作第1层用的下切双层剑菊捏片。
大花按第2、3、4层的顺序粘上花瓣，然后粘贴第1层花瓣。
参照p.65步骤13~16制作花蕊，粘在花的中心。

中花

小花

6.5

5

参照p.56 制作带铁丝的半球底座。
参照p.59使用花瓣用绉布制作双层剑菊捏片。
中花、小花参照p.80步骤2将花瓣粘到底座上。
参照p.65步骤13~16制作花蕊，粘在花的中心。

◆组合方法（通用）

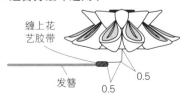

缠上花
艺胶带

发簪

0.5

0.5

参照p.65步骤17~22
将花组合在U形簪上。

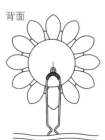

背面

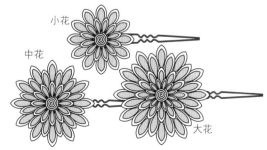

小花

中花

大花

蔷薇胸针和项链

◆ 材料和用量

胸针 花瓣用绉布（a色）25cm×20cm（含底座、加固布），（b色）25cm×15cm，（c色）10cm×10cm，（d色、g色、h色）各10cm×5cm（含花蕊）；珍珠串珠直径0.4cm（玫红色）2颗；带夹托盘胸针底座直径4.5cm 1个；花艺铁丝（白色）#24长度5cm 2根；厚纸板适量

项链 花瓣用绉布（含底座、穿绳部件），（a色、c色）各15cm×10cm，（b色）25cm×15cm，（d色）10cm×5cm，（e色、f色）各10cm×10cm；珍珠串珠直径0.3cm（波尔多红色）13颗，直径0.4cm（波尔多红色）1颗、（玫红色）7颗，直径0.8cm（玫红色）1颗；项链用皮革绳长度45cm 1根；鞋夹1.4cm×1.8cm 1个；厚纸板适量

◆ 制作顺序

胸针

① 制作蔷薇用的平面底座。
② 制作花瓣和花蕊，粘到底座上。共制作3朵蔷薇。
③ 制作小花用的花瓣。在铁丝上粘上串珠，然后粘上花瓣。共制作2朵小花。
④ 制作大叶子、小叶子。
⑤ 在组合底座上粘上蔷薇、小花、叶子。
⑥ 将步骤5中的成品粘到胸针的金属托盘上。

项链

① 制作平面底座。
② 在蔷薇用的平面底座背面粘上鞋夹。
③ 制作蔷薇花瓣，粘到步骤2中的底座上。
④ 制作花A～D的花瓣，粘到底座上。
⑤ 在步骤4中花A～D的中心粘上用串珠制作的花蕊。
⑥ 制作穿绳部件，粘到每朵花的底座背面。
⑦ 将项链用皮革绳穿入穿绳部件。

a色=玫瑰粉色
b色=红豆色
c色=波尔多红色
d色=胭脂红色
e色=深胭脂红色
f色=紫红色
g色=深紫红色
h色=深紫色

穿绳部件
折叠 0.5
0.4
0.5
折叠
0.4cm
1

◆ 胸针

组合底座
（a色、厚纸板各1片）

蔷薇底座
（a色、厚纸板各3片）

蔷薇大花瓣
（a色15片）
大叶子（h色1片）

蔷薇中花瓣
（b色15片）

蔷薇小花瓣
（b色15片、c色9片）
蔷薇花蕊（d色3片）
小叶子（h色1片）

小花花瓣
（g色8片）

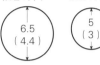

6.5
(4.4)

5
(3)

3.5 ← 3.5 →

3 ← 3 →

2.5 ← 2.5 →

1.5 ← 1.5 →

※（ ）内为厚纸板尺寸。

◆ 蔷薇的制作方法

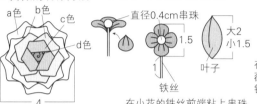

a色 b色 c色 d色

4

参照p.56制作平面底座。
参照p.60、p.61使用花瓣用绉布制作对接捏片。
参照p.78、p.79步骤2～13将花瓣粘到底座上（第3层粘5片，第4层粘3片），再制作花蕊并粘好。

◆ 小花、叶子的制作方法

直径0.4cm串珠

1.5
1
铁丝

大2
小1.5
叶子

在小花的铁丝前端粘上串珠。
参照p.58使用花瓣用绉布制作翻折圆形捏片。
参照p.79步骤16、17将花瓣粘到铁丝上。
参照p.60制作叶子用的翻折剑菊捏片。

◆ 组合方法

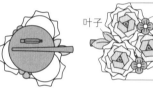

折向底座 组合底座

在组合底座上粘上蔷薇、叶子，将小花的铁丝折向底座。

小花 蔷薇
叶子

在折向底座的铁丝上贴上加固布。

叶子 小花
7.5

将底座粘到胸针的金属托盘上。

◆ 项链

A底座（b色、
厚纸板各1片）

B底座（c色、
厚纸板各1片）

C、D底座
（a色、e色、
厚纸板各1片）

蔷薇底座
（b色、
厚纸板各1片）

蔷薇大花瓣
（b色5片）

蔷薇中花瓣
（b色10片）

蔷薇小花瓣
（c色5片）
蔷薇花蕊（d色3片）
蔷薇花蕊（e色1片）

3.5
(2.1)

2.5
(1.7)

2.3
(1.6)

5.4
(3.4)

3.5 ← 3.5 →

3 ← 3 →

2.5 ← 2.5 →

※（ ）内为厚纸板尺寸。

◆ 花的制作方法

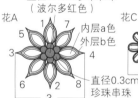

蔷薇
b色 c色
d色
e色
4.7

花A
直径0.4cm珍珠串珠（波尔多红色）
内层a色 外层b色
4
直径0.3cm珍珠串珠
3

花C
直径0.8cm珍珠串珠
外层e色 内层a色
1.7

花B
外层c色 内层f色
直径0.4cm珍珠串珠（玫红色）
2.7

花D
直径0.3cm珍珠串珠
内层b色 外层a色
2.2

A、B用花瓣（a色、b色、c色、f色各8片）
穿绳部件用绉布（b色2片、c色、e色、a色各1片）

C、D用花瓣（a色16片、b色8片、e色8片）

2 ← 2 →

1.5 ← 1.5 →

与胸针的蔷薇做法相同（第4层粘5片，第5层粘3片）。在底座背面粘上鞋夹。

参照p.56制作平面底座。
花A、花D参照p.58制作双层叶子捏片。
花B、花C参照p.57制作双层圆形捏片。
按序号顺序将花瓣粘到底座上。
参照p.7、p.62步骤6用串珠制作花蕊，粘在花的中心。

◆ 组合方法

鞋夹
项链
花C 花D 花A 花B

制作穿绳部件，粘到底座背面，穿入皮革绳

花D 花B 花C 花A
11

p.41 ✳ 牡丹发梳

◆材料和用量

花瓣用绉布（白色）25cm×15cm（含底座）；叶子用绉布（薄荷绿色）10cm×10cm（含底座）；泡沫球直径3cm1个；串珠直径0.4cm 7颗；10齿发梳1个；花艺铁丝（白色）#24长度18cm2根，长度5cm1根；25号绣线（蓝色）、腮红、透明线、花艺胶带（黑色）、厚纸板各适量

◆制作顺序

① 制作带铁丝的半球底座。
② 制作花瓣，用腮红给花瓣前端染色。
③ 将花瓣粘到底座上。
④ 用串珠制作花蕊，粘在花的中心。
⑤ 制作叶子和叶脉。
⑥ 将步骤4、5中做好的花、叶组合在发梳上。
⑦ 调整花使其朝向正面。

底座（白色、厚纸板各1片）

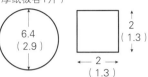

6.4
(2.9)

底座（薄荷绿色、厚纸板各1片）

2
(1.3)

2
(1.3)

大花瓣（白色16片）
大叶子（薄荷绿色5片）

2.5

2.5

小花瓣（白色24片）
小叶子（薄荷绿色2片）

2

2

※（ ）内为厚纸板尺寸。

◆花的制作方法

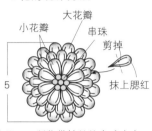

小花瓣　大花瓣
串珠
剪掉
抹上腮红

5

参照p.56制作带铁丝的半球底座。
参照p.57使用花瓣用绉布制作细圆捏片，用腮红给花瓣前端染色。
参照p.80步骤2粘贴上层花瓣，参照p.64步骤8~10粘贴中层花瓣，下层花瓣粘在中层花瓣之间。
参照p.7、p.62步骤6用串珠制作花蕊，粘在花的中心。

◆叶脉的制作方法

长度5cm铁丝　绣线

3

参照p.64步骤11、12在铁丝上缠上绣线，剪掉多余部分，将其做成叶脉的形状，粘到叶子上。

◆叶子的制作方法

下切细圆捏片　剪掉1/3宽度
大叶子　背面
叶脉　小叶子　铁丝
带铁丝的平面底座

参照p.56制作带铁丝的平面底座。
参照p.61使用叶子用绉布制作下切细圆捏片，然后粘到底座上。制作叶脉，粘到叶子上。

◆组合方法

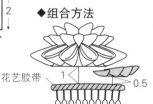

花艺胶带　1　0.5

参照p.67步骤13~15从左起第4个齿开始缠绕铁丝，同样地叶子从右起第2个齿开始缠绕铁丝。
在铁丝上缠上花艺胶带，调整花使其朝向正面。

6.5

---

p.47 ✳ 雏菊发簪

◆材料和用量

花瓣用绉布（白色）20cm×20cm（含底座）；叶子用绉布（黄绿色）15cm×10cm（含加固布）；珍珠串珠（浅黄色）直径0.3cm42颗；双股发簪长度9cm1支；花艺铁丝（白色）#24长度18cm9根；捆扎线（绿色）、透明线、厚纸板各适量

◆制作顺序

① 制作带铁丝的平面底座。
② 制作花瓣、花蕊，粘到底座上。
③ 制作叶子。
④ 将花和叶子聚成一束缠上捆扎线。
⑤ 将步骤4中的成品组合在发梳上。
⑥ 调整花使其朝向正面。

底座（白色、厚纸板各6片）

3
(1.8)

花瓣（白色48片）
小叶子（黄绿色3片）

2

2

大叶子（黄绿色8片）

2.5

2.5

※（ ）内为厚纸板尺寸。

◆花的制作方法

5　1　7　珍珠串珠
3　　　4
6　2　8
3

剪掉1/2宽度
下切细圆捏片

参照p.56制作带铁丝的平面底座。
参照p.61使用花瓣用绉布制作下切细圆捏片。
将花瓣按序号顺序粘到底座上。
参照p.7、p.62步骤6用串珠制作花蕊，粘在花的中心。

◆叶子的制作方法

背面
加固布
剪掉1/2宽度
甲　乙　丙
2.5
大叶子　小叶子
下切剑菊捏片
铁丝

参照p.61使用叶子用绉布制作下切剑菊捏片。
参照p.70、p.71步骤11~15将叶子粘到一起，在背面粘上铁丝和加固布。

◆组合方法

0.5
弯成直角
缠上捆扎线
发簪
2

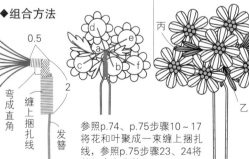

8
甲
丙
乙

参照p.74、p.75步骤10~17将花和叶聚成一束缠上捆扎线，参照p.75步骤23、24将其组合在发簪上。
折弯铁丝，使花朝向正面。

a花 做上标记
1

b、d花　c花
1.7　2.5

f花　e花
2　3

将铁丝在指定的位置做上标记并折弯。

◆材料和用量

发梳 花瓣用绉布（含底座），（玫红色、鲜鱼粉色）各10cm×10cm，（水蓝色、白色）各15cm×10cm，（蓝色）30cm×15cm，（浅蓝色）15cm×5cm；珍珠串珠直径0.4cm（蓝色）18颗、（白色）2颗，直径0.6cm（粉色）2颗；花火形金属花蕊底座（银色）直径1.3cm2个；15齿发梳1个；花艺铁丝（白色）#24长度18cm 7根、#26长度18cm 1根；流苏（白色）长度8cm1个；缝纫线30号（白色）、透明线、花艺胶带（黑色）、厚纸板各适量

U形卡 花瓣用绉布（含底座），（玫红色、浅蓝色）各5cm×5cm，（鲜鱼粉色、水蓝色）各15cm×10cm，（白色）10cm×5cm，（蓝色）15cm×10cm；珍珠串珠直径0.4cm（蓝色）6颗，直径0.6cm（粉色）2颗；花火形金属花蕊底座（银色）直径1.3cm2个；U形卡长度6cm 3个；花艺铁丝（白色）10cm3根；缝纫线30号（白色）、透明线、花艺胶带（黑色）、厚纸板各适量

◆制作顺序

发梳
① 制作带铁丝的平面底座。
② 制作花瓣，粘到底座上。
③ 用金属花蕊和串珠制作花蕊，粘在花的中心。
④ 将7朵花组合到一起。
⑤ 将步骤4中的花束的铁丝缠到发梳上。
⑥ 调整花使其朝向正面，装上流苏。

U形卡
① 按照发梳做法的步骤1～3制作花朵。
② 将步骤1中做好的花组合在U形卡上，调整花使其朝向正面。

◆发梳

底座（鲑鱼粉色、玫红色各1片，厚纸板2片）

2.5
（1.6）

底座（白色、水蓝色各1片，厚纸板2片）

3
（2）

底座（蓝色、厚纸板各3片）

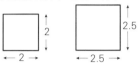

3.5
（2.2）

※（ ）内为厚纸板尺寸。

小花瓣（鲑鱼粉色、玫红色各10片）

2 ←2→

中花瓣（白色、水蓝色各10片）

2.5 ←2.5→

大花瓣（浅蓝色3片，蓝色27片）

3 ←3→

◆花的制作方法（通用）

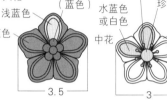

大花
浅蓝色
蓝色
直径0.4cm
珍珠串珠（蓝色）
中花
金属花蕊底座
水蓝色或白色
直径0.6cm珍珠串珠
白色或水蓝色
小花
鲑鱼粉色或玫红色
直径0.4cm珍珠串珠（白色）

3.5   3   2.3

参照p.56制作带铁丝的平面底座。
参照p.58使用花瓣用绉布制作双层梅花捏片。
参照p.68步骤2、3将花瓣粘到底座上，再在花的中心粘上金属花蕊底座和串珠；蓝色大花参照p.7、p.62步骤6用串珠制作花蕊，粘在花的中心。

◆发梳的组合方法

大花   3   2.5
2.5
2   2.3
小花

中花   2   3

参照p.68步骤4～10将7朵花的铁丝聚成一束缠上缝纫线。

缠上缝纫线

缠绕#26铁丝   1.5
剪掉多余部分

第8根 第9根

参照p.68、p.69步骤11～15，在从发梳左端数第8个齿和第9个齿之间放上花束铁丝，再用#26铁丝将花束铁丝缠到发梳上。

装上流苏
缠上花艺胶带

调整花使其朝向正面，装上流苏。

8
大花
中花
小花

◆U形卡

底座（水蓝色、鲑鱼粉色、厚纸板各1片）

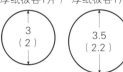

3
（2）

底座（蓝色、厚纸板各1片）

3.5
（2.2）

※（ ）内为厚纸板尺寸。

小花瓣（玫红色1片、鲑鱼粉色9片、白色2片、水蓝色8片）

2.5 ←2.5→

大花瓣（浅蓝色1片、蓝色9片）

3 ←3→

◆U形卡的组合方法

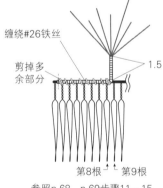

2
折弯1cm
缠上缝纫线
铁丝
U形卡
缠线时掰开一点
折弯0.5cm
花艺胶带

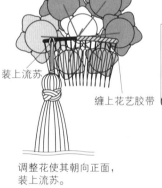

将花的铁丝留3cm后剪断，然后折弯1cm。
将花的铁丝跟U形卡叠放在一起，缠上缝纫线。
从上往下缠上花艺胶带。调整花使其朝向正面。

3
浅蓝色
水蓝色
白色
3.5
玫红色
蓝色
鲑鱼粉色
3

p.51 ✳ 三层圆形捏片发夹

◆ 材料和用量

花瓣用绉布（黑色）25cm×20cm（含底座、挂饰），（黄红色或蓝色）20cm×15cm（含挂饰）；泡沫球直径3cm 1个；串珠（黑色或蓝色）直径0.4cm 7颗；圆形切面串珠（橘色或蓝色）直径0.8cm 2颗；细头花蕊（黑色）12根；玉线长度30cm 1根；大头针长度3cm 2根；定位珠直径0.3cm 1颗；发夹长度7cm 1个；花艺铁丝（白色）#24长度18cm 1根；透明线、花艺胶带（黑色）、厚纸板各适量

◆ 制作顺序

① 制作带铁丝的半球底座。
② 制作花瓣，粘到底座上。
③ 将细头花蕊粘到第1层花瓣上。
④ 用串珠制作花蕊，粘在花的中心。
⑤ 制作挂饰，穿到步骤4中的铁丝上。
⑥ 将步骤5中的成品组合在发夹上。

底座
（黑色、厚纸板各1片）

7
（3）

※（　）内为厚纸板尺寸。

第1层花瓣
（黑色、黄红色或者蓝色各6片）

2

← 2 →

第2层、第4层花瓣
（黑色各12片、黄红色或者蓝色各6片）
小挂饰
（黑色3片）

2.5

← 2.5 →

第3层花瓣
（黑色12片、黄红色或者蓝色6片）
大挂饰
（黑色6片、黄红色或者蓝色2片）

3

← 3 →

◆ 花的制作方法

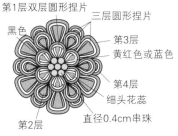

第1层双层圆形捏片
三层圆形捏片
黑色
第3层
黄红色或蓝色
第4层
细头花蕊
第2层
直径0.4cm串珠

参照p.56制作带铁丝的半球底座。
使用花瓣用绉布参照p.57制作第1层用的双层圆形捏片和其余层用的三层圆形捏片。
参照p.62步骤3~5按照第3层、第2层、第1层的顺序粘贴花瓣，第4层花瓣粘在第3层花瓣之间。
将细头花蕊粘到第1层花瓣上。
参照p.7、p.62步骤6用串珠制作花蕊，粘在花的中心。

◆ 挂饰的制作方法

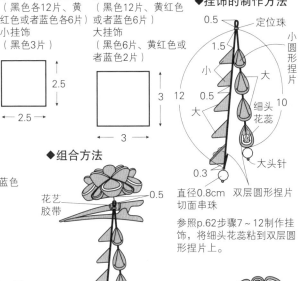

定位珠
小圆形捏片
0.5
1.5
小
大
0.5
小
12
大
细头花蕊
10
0.3
大头针

直径0.8cm 双层圆形捏片切面串珠

参照p.62步骤7~12制作挂饰，将细头花蕊粘到双层圆形捏片上。

◆ 组合方法

花艺胶带
0.5

参照p.63步骤13~20穿上挂饰，将花组合在发夹上。

5.5

---

p.51 ✳ 时尚雅致发夹

◆ 材料和用量

花瓣用绉布（含挂饰），（A色）15cm×15cm，（B色）15cm×20cm，（黑色）20cm×25cm（含底座）；泡沫球直径3cm 1个；串珠（黑色）直径0.4cm 7颗；水滴形串珠0.7cm×1cm 2颗；玉线长度30cm 1根；大头针长度3cm 2根；定位珠直径0.3cm 1颗；发夹长度7cm 1个；花艺铁丝（白色）#22长度18cm 1根；透明线、花艺胶带（黑色）、厚纸板各适量

◆ 制作顺序

① 制作带铁丝的半球底座。
② 制作花瓣，粘到底座上。
③ 用串珠制作花蕊，粘在花的中心。
④ 制作挂饰，穿到步骤3中的铁丝上。
⑤ 将步骤4中的成品组合在发夹上。

底座（黑色、厚纸板各1片）
上层花瓣
内层（A色10片）
中层花瓣
内层（A色10片）

7
（3）

※（　）内为厚纸板尺寸。

1.5

← 1.5 →

上层花瓣
外层（黑色10片）
中层花瓣
中层（B色10片）
下层花瓣
内层（A色10片）
大挂饰
内层（A色2片）

2

← 2 →

中层花瓣
外层（黑色10片）
下层花瓣
中层（B色10片）
大挂饰
中层（B色2片）
小挂饰（黑色7片）

2.5

← 2.5 →

下层花瓣
外层（黑色10片）
大挂饰
外层（黑色2片）

3

← 3 →

◆ 花的制作方法

上层
双层剑菊捏片
直径0.4cm串珠
中层、下层
三层剑菊捏片

参照p.56制作带铁丝的半球底座。
使用花瓣用绉布参照p.59制作上层用的双层剑菊捏片和中层、下层用的三层剑菊捏片。
参照p.80步骤2将花瓣粘到底座上。
参照p.7、p.62步骤6用串珠制作花蕊，粘在花的中心。

◆ 挂饰的制作方法

0.5
剑菊捏片
2.5
三层剑菊捏片
0.5
9
10.5
水滴形串珠
0.3
大头针

参照p.62步骤7~12制作挂饰。

◆ 组合方法

缠上花艺胶带

参照p.63步骤13~20穿上挂饰，将花组合在发夹上。

6

◆ **材料和用量**

花瓣用绉布（白色）25cm×20cm（含底座、挂饰），（A色、B色、C色）15cm×10cm（含挂饰），（D色）10cm×10cm；串珠（浅粉色）直径0.6cm 7颗；金属花蕊底座直径0.9cm7个；玉线（白色）长度12cm 3根；小铃铛直径0.7cm 3个；双股发簪长度9cm1支；花艺铁丝（白色）#24长度18cm10根；捆扎线（绿色）、厚纸板各适量

◆ **制作顺序**

① 制作带铁丝的平面底座。
② 制作花瓣，粘到底座上。
③ 用金属花蕊和串珠制作花蕊，粘在花的中心。
④ 制作7朵花，然后聚成一束缠上捆扎线。
⑤ 制作爪钩，与花束组合到一起。
⑥ 将步骤5中的花束组合在发簪上。
⑦ 制作挂饰，挂到步骤6中的爪钩上。
⑧ 调整花使其朝向正面。

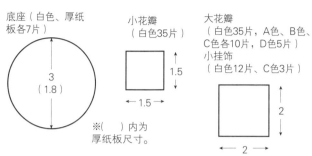

底座（白色、厚纸板各7片）
3（1.8）

小花瓣（白色35片）
1.5
1.5

大花瓣（白色35片，A色、B色、C色各10片，D色5片）
小挂饰（白色12片、C色3片）
2
2

大挂饰（C色3片）
2.5
2.5

A=紫色
B=粉色
C=浅粉色
D=紫红色

※（ ）内为厚纸板尺寸。

◆ **花的制作方法**

串珠
大花瓣双层樱花捏片
白色
A~D色
小花瓣樱花捏片
金属花蕊底座
2.5

参照p.56制作带铁丝的平面底座。
参照p.58使用小花瓣用绉布制作樱花捏片，使用大花瓣用绉布制作双层樱花捏片。
参照p.68步骤2在底座上粘贴大花瓣，再将小花瓣插进大花瓣之间粘好。
参照p.68步骤3在花的中心粘好金属花蕊底座和串珠。

◆ **组合方法**

◆ **挂饰的制作方法**

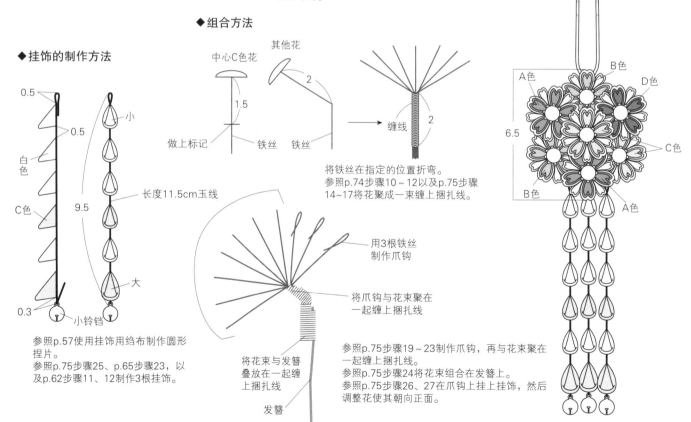

0.5
0.5
小
白色
9.5
C色
大
0.3
小铃铛

参照p.57使用挂饰用绉布制作圆形捏片。
参照p.75步骤25、p.65步骤23，以及p.62步骤11、12制作3根挂饰。

长度11.5cm玉线

中心C色花
其他花
1.5
2
做上标记 铁丝 铁丝
缠线
2

将铁丝在指定的位置折弯。
参照p.74步骤10~12以及p.75步骤14~17将花聚成一束缠上捆扎线。

用3根铁丝制作爪钩

将爪钩与花束聚在一起缠上捆扎线

将花束与发簪叠放在一起缠上捆扎线

发簪

参照p.75步骤19~23制作爪钩，再与花束聚在一起缠上捆扎线。
参照p.75步骤24将花束组合在发簪上。
参照p.75步骤26、27在爪钩上挂上挂饰，然后调整花使其朝向正面。

A色
B色
D色
6.5
C色
B色
A色

◆ 材料和用量

花瓣用绉布（含挂饰），（白色）20cm×15cm，（蓝色或黄绿色）25cm×25cm（含底座）；泡沫球直径3.5cm1个；串珠（朱红色）直径0.4cm19颗，直径0.8cm2颗；玉线长度15cm2根；大头针长度3cm2根；C形开口圈外径0.38cm×0.58cm1个；龙虾扣长度1cm 1个；两环挂饰条宽度1.4cm1个；U形簪长度7.5cm1支；花艺铁丝（白色）#22长度18cm2根；花艺胶带（黑色）、厚纸板、透明线各适量

◆ 制作顺序

① 用2根铁丝制作带铁丝的半球底座。
② 制作花瓣，粘到底座上。
③ 用串珠制作花蕊，粘在花的中心。
④ 将步骤3中的花组合在发簪上。
⑤ 调整花使其朝向正面。
⑥ 制作挂饰，挂到步骤5的成品上。

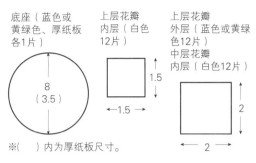

底座（蓝色或黄绿色、厚纸板各1片）
8（3.5）

上层花瓣内层（白色12片）
1.5
1.5

上层花瓣外层（蓝色或黄绿色12片）
中层花瓣内层（白色12片）
2
2

中层花瓣外层（蓝色或黄绿色12片）
下层花瓣内层（白色12片）
小挂饰（蓝色或黄绿色5片）
2.5
2.5

下层花瓣外层（蓝色或黄绿色12片）
大挂饰（白色2片、蓝色或黄绿色4片）
3
3

※（ ）内为厚纸板尺寸。

◆ 底座的制作方法

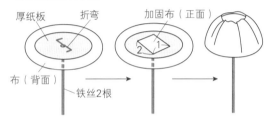

厚纸板　折弯
加固布（正面）
布（背面）
铁丝2根

参照p.56用2根铁丝制作带铁丝的半球底座。

◆ 挂饰的制作方法

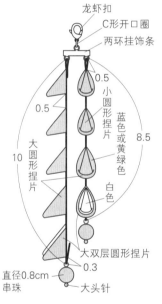

龙虾扣
C形开口圈
两环挂饰条
0.5
0.5
小圆形捏片
蓝色或黄绿色
8.5
大圆形捏片
10
白色
大双层圆形捏片
0.3
直径0.8cm串珠
大头针

参照p.57使用挂饰用绉布制作5片小圆形捏片、2片大圆形捏片、2片大双层圆形捏片。
参照p.65步骤23~27制作挂饰。

◆ 花的制作方法

蓝色或黄绿色
白色
花蕊
上层
12颗　6颗
直径0.4cm串珠
画直径1.2cm的圆
中层
下层

参照p.59使用花瓣用绉布制作双层剑菊捏片。
参照p.80步骤2将花瓣粘到底座上。
参照p.7、p.62步骤6用串珠制作花蕊，粘在花的中心。

◆ 组合方法

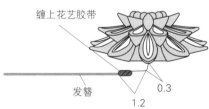

缠上花艺胶带
发簪
0.3
1.2

参照p.65步骤17~22将花组合在U形簪上，并折弯铁丝，使花朝向正面。挂上挂饰。

花艺胶带

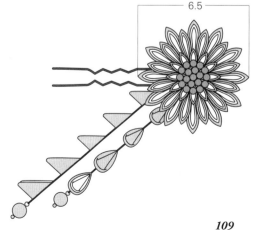

6.5

◆ **材料和用量**

红叶、银杏叶用绉布（红色、土黄色）各20cm×15cm（含底座、茎），（红茶色）15cm×10cm，（黄色）20cm×10cm（含底座、茎）；U形簪长度7.5cm1支；花艺铁丝（白色）#24长度18cm、长度3cm各5根；金线铁丝30cm1根；金线、捆扎线（红色）、花艺胶带（黑色）、厚纸板各适量

◆ **制作顺序**

① 制作带铁丝的平面底座。
② 制作红叶和银杏叶，分别粘到底座上。
③ 制作茎并粘好。
④ 在红叶上粘上金线。
⑤ 制作红叶中心部分，粘到步骤4中的红叶上。
⑥ 将步骤3、5中的铁丝聚成一束缠上捆扎线。
⑦ 将步骤6中的成品组合在发簪上，调整叶子使其朝向正面。

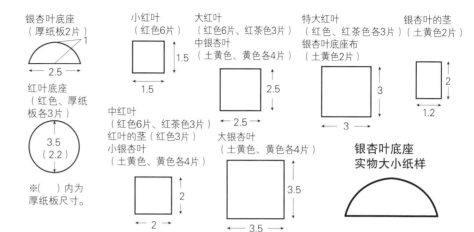

银杏叶底座（厚纸板2片）
2.5　1

红叶底座（红色、厚纸板各3片）
3.5（2.2）

※（ ）内为厚纸板尺寸。

小红叶（红色6片）
1.5　1.5

中红叶（红色6片、红茶色3片）
红叶的茎（红色3片）
小银杏叶（土黄色、黄色各4片）
2　2

大红叶（红色6片、红茶色3片）
中银杏叶（土黄色、黄色各4片）
2.5

大银杏叶（土黄色、黄色各4片）
3.5　3.5

特大红叶（红色、红茶色各3片）
银杏叶底座布（土黄色2片）
3　3

银杏叶的茎（土黄色2片）
2　1.2

银杏叶底座实物大小纸样

◆ **红叶的制作方法**

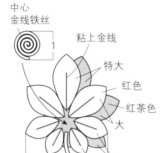

中心金线铁丝　1
粘上金线
特大
红色
红茶色
大
小
中
3.2

参照p.56制作带铁丝的平面底座。
参照p.60使用叶子用绉布制作翻折剑菊捏片。
将红茶色叶子粘到底座上，稍微错开一点在上方粘贴红色叶子。
制作茎，粘到底座上。
参照p.65步骤13～16用金线铁丝制作红叶中心部分，粘在红叶上。

◆ **茎的制作方法**

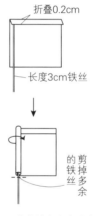

折叠0.2cm
长度3cm铁丝
的剪铁掉丝丝多余

在整块布上涂抹白胶，将布以铁丝为轴卷绕粘牢。

◆ **银杏叶的制作方法**

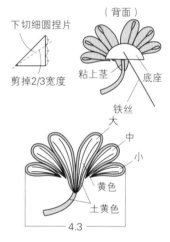

（背面）
下切细圆捏片
剪掉2/3宽度
粘上茎
底座
铁丝
大
中
小
黄色
土黄色
4.3

参照p.56使用实物大小纸样制作带铁丝的平面底座。
参照p.61使用叶子用绉布制作下切双层细圆捏片。
将银杏叶粘到底座上。
制作茎并粘好。

◆ **组合方法**

红叶①
红叶②
银杏叶③
2
折弯铁丝

红叶④
银杏叶⑤
2.5

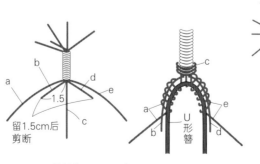

①②③④⑤
缠上捆扎线
参照p.74步骤10～12以及p.75步骤14～17将叶子聚成一束缠上捆扎线。

b
a　1.5　d
c　e
留1.5cm后剪断
留1.5cm后剪断铁丝b、d，将留下的铁丝a、e从上往下缠到发簪上，将铁丝c缠在聚成一束的铁丝的根部。

c
a　e
b　d
U形簪
折弯铁丝，使叶子朝向正面。

0.5
0.5
缠上花艺胶带
用尖嘴钳折成直角
U形簪

8.5
①⑤④
②③

◆ 材料和用量

发簪 花瓣用绉布（淡橘色）20cm×20cm（含底座），（白色）20cm×10cm；泡沫球直径3cm1个；珍珠串珠（橘色）直径0.4cm9颗，（米白色）直径0.6cm1颗；圆形切面串珠（透明橘色）直径0.8cm2颗；金属链长度17cm1根；大头针长度3cm3根；圆形开口圈直径0.5cm1个；U形簪长度7.5cm1支；花艺铁丝（白色）#24长度18cm1根；透明线、花艺胶带（黑色）、厚纸板各适量

发梳 花瓣用绉布（淡橘色）20cm×15cm（含底座），（白色）15cm×10cm；泡沫球直径2cm2个；珍珠串珠（橘色）直径0.3cm21颗；15齿发梳1个；花艺铁丝（白色）#24长度18cm3根；透明线、花艺胶带（黑色）、厚纸板各适量

◆ 制作顺序

发簪
① 制作带铁丝的半球底座。
② 制作花瓣，粘到底座上。
③ 用串珠制作花蕊，粘在花的中心。
④ 将步骤3中做好的花组合在发簪上。
⑤ 制作挂饰，挂在步骤4中的成品上。
⑥ 调整花使其朝向正面。

发梳
① 制作带铁丝的半球底座。
② 制作花瓣，粘到底座上。
③ 用串珠制作花蕊，粘在花的中心。
④ 将步骤3中做好的花组合在发梳上。
⑤ 调整花使其朝向正面。

◆ 发簪

底座（淡橘色、厚纸板各1片）

花瓣（淡橘色40片、白色32片）

※（ ）内为厚纸板尺寸。

◆ 花的制作方法

画直径0.8cm的圆　圆形捏片　双层圆形捏片　直径0.4cm珍珠串珠

淡橘色　白色　剪掉尖端　下层　中层

参照p.56制作带铁丝的半球底座。
参照p.57使用花瓣用绉布制作上层用的圆形捏片和中层、下层用的双层圆形捏片。
参照p.80步骤2将上层花瓣粘到底座上；参照p.64步骤9、10粘贴中层花瓣，在中层花瓣之间粘贴下层花瓣。
参照p.7、p.62步骤6用串珠制作花蕊，粘在花的中心。

◆ 组合方法

0.5　0.5　缠上花艺胶带　发簪

参照p.65步骤17~22将花组合在发簪上，再挂上挂饰，然后调整花使其朝向正面。

◆ 挂饰的制作方法

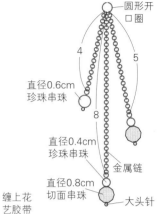

圆形开口圈　4　5　直径0.6cm珍珠串珠　8　直径0.4cm珍珠串珠　金属链　直径0.8cm切面串珠　大头针

参照p.7在剪成3段的金属链上连接串珠，然后用圆形开口圈连接3根金属链。

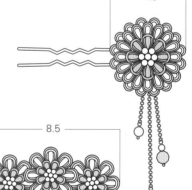

◆ 发梳

底座（淡橘色、厚纸板各3片）

小花瓣（淡橘色24片）

大花瓣（淡橘色、白色各24片）

※（ ）内为厚纸板尺寸。

◆ 花的制作方法

直径0.3cm珍珠串珠　圆形捏片　双层圆形捏片　淡橘色　白色

直径2cm泡沫球　切掉0.3cm

参照p.62步骤1制作带铁丝的半球底座。
参照p.57使用花瓣用绉布制作上层用的圆形捏片和下层用的双层圆形捏片。
参照p.62步骤3~6将花瓣粘到底座上，再在中心粘上用珍珠串珠制作的花蕊。
共制作3朵花。

◆ 组合方法

1.3　1.8　1.3　两端花　中心花　1　花朝向正面　用尖嘴钳折弯使

参照p.66、p.67步骤12~19、22~25将花组合在发梳上，调整花使其朝向正面。

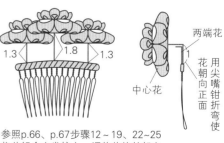

❋ **作者简介**

红，1962年出生于日本千叶县。2004年以细工花手工作者的身份出道。现以面向手工活动的展出为工作重心。

参加活动以及作品的经办店铺请在主页上确认。

主页 https://hong-presents.jimdo.com/

❋ **参考资料**

《色彩的基础、配色、使用方法　色彩事典》
《色彩活用研究所samuel主编/西东社》
《从基础开始学　花色配色、图样BOOK》
（坂口美重子著/诚文堂新光社）
《学习色彩协调的串珠配色课堂》
（大井义男著/patchwork通讯社）

TSUMAMI SAIKU NO UTSUKUSHII IROAWASE

© hong presents 2016

Originally published in Japan in 2016 SEIBUNDO SHINKOSHA PUBLISHING CO.,LTD.,TOKYO,

Chinese(Simplified Character Only)translation rights arranged with SEIBUNDO SHINKOSHA PUBLISHING CO.,LTD.,TOKYO,through Rightol Media,CHENGDU

备案号：豫著许可备字-2017-A-0234

图书在版编目（CIP）数据

细工花饰配色事典/（日）红著；付珺译. —郑州：河南科学技术出版社，2018.5

ISBN 978-7-5349-9233-9

Ⅰ.①细…　Ⅱ.①红…　②付…　Ⅲ.①布艺品-手工艺品-制作　Ⅳ.①TS973.51

中国版本图书馆CIP数据核字（2018）第085226号

出版发行：河南科学技术出版社

　　　　　地址：郑州市经五路66号　　邮编：450002

　　　　　电话：（0371）65737028　　65788613

　　　　　网址：www.hnstp.cn

策划编辑：张　培

责任编辑：孟凡晓

责任校对：马晓灿

封面设计：张　伟

责任印制：张艳芳

印　　刷：河南新达彩印有限公司

经　　销：全国新华书店

幅面尺寸：210 mm×257 mm　　　印张：7　字数：160千字

版　　次：2018年5月第1版　　2018年5月第1次印刷

定　　价：59.00元